国家自然科学基金资助项目（52064042）

内蒙古自治区自然科学基金资助项目（2020BS05004）

内蒙古科技大学创新基金资助项目（2019QDL-B34）

节理岩体煤巷开挖
卸荷失稳机理及控制

王二雨　著

北　京

冶 金 工 业 出 版 社

2022

内 容 提 要

本书以深埋节理岩体煤巷工程为对象对巷道开挖卸荷失稳机理及控制对策展开研究，主要内容包括缓倾斜节理岩体煤巷开挖卸荷变形机理、稳定性控制，缓倾斜节理岩体煤巷稳定性控制物理模型技术，缓倾斜节理岩体巷道围岩稳定性控制物理模型及其工程应用。全书涵盖内容丰富、层次清晰、论述翔实有据、图文并茂，具有较强的前瞻性、创新性和实用性。

本书可供采矿工程、岩土工程及相关专业领域的科研与工程技术人员阅读参考。

图书在版编目 (CIP) 数据

节理岩体煤巷开挖卸荷失稳机理及控制/王二雨著. —北京：冶金工业出版社，2022.6

ISBN 978-7-5024-9192-5

Ⅰ.①节…　Ⅱ.①王…　Ⅲ.①节理岩体—煤巷掘进—屈曲—研究　Ⅳ.①TU45

中国版本图书馆 CIP 数据核字 (2022) 第 108078 号

节理岩体煤巷开挖卸荷失稳机理及控制

出版发行	冶金工业出版社	电　话	(010)64027926
地　址	北京市东城区嵩祝院北巷 39 号	邮　编	100009
网　址	www.mip1953.com	电子信箱	service@mip1953.com

责任编辑　卢　敏　姜恺宁　美术编辑　彭子赫　版式设计　郑小利
责任校对　郑　娟　责任印制　李玉山
北京虎彩文化传播有限公司印刷
2022 年 6 月第 1 版，2022 年 6 月第 1 次印刷
710mm×1000mm　1/16；7 印张；152 千字；94 页
定价 62.00 元

投稿电话　(010)64027932　投稿信箱　tougao@cnmip.com.cn
营销中心电话　(010)64044283
冶金工业出版社天猫旗舰店　yjgycbs.tmall.com
(本书如有印装质量问题，本社营销中心负责退换)

前　　言

我国90%以上的煤炭产量来自井工开采，目前我国现代化矿井巷道布置80%以上是煤巷。煤巷等地下工程的作用主体为煤岩体。在工程岩体中原生的或次生的微小节理、裂隙最为常见，这些结构面的存在对岩体稳定性起着决定性的作用。在煤矿巷道等地下工程中，由于巷道开挖后卸荷扰动及回采期间动压的影响，巷道围岩会出现静压显现渐进大变形和动压显现瞬时大变形等失稳现象。

针对上述深部煤巷掘进及回采工程中存在的安全隐患，本书以清水煤矿深部缓倾斜节理岩体煤巷为工程背景，采用离散元数值模拟真实还原巷道开挖后在应力渐进释放过程中围岩新生裂隙的起裂、发展、贯通和大变形失稳过程，深入揭示节理岩体煤巷围岩在开挖卸荷条件下的渐进大变形规律、应力分布特征与破坏机制。在此基础上采用物理模型实验与离散元数值模拟相结合的方法系统讨论开挖卸荷条件下节理岩体-恒阻大变形锚索作用机理，与普通锚索进行对比验证采用恒阻大变形锚索进行煤巷开挖卸荷渐进大变形灾害控制的可行性。并在大屯煤电公司孔庄煤矿进行了相似地质条件下的井下工程应用，与普通锚索进行对比验证采用恒阻大变形锚索进行瞬时动压显现大变形巷道稳定性控制的可行性。上述工作为合理进行深部节理岩体煤巷稳定性控制提供了可靠的科学依据，可有效保障我国煤矿的安全、高效开采。

本书所涉及的研究内容包括了采煤学、矿山岩体力学、工程地质力学、计算机数值仿真科学等多个学科的综合性交叉融合，是作者长期研究基础上大量科研成果的总结。在本书策划和编写过程中，得到了中国矿业大学（北京）杨晓杰教授的悉心指导和帮助，在此表示衷心的感谢。本书在编写工程中参阅了许多专家、学者的著作和文献，在此一并致谢。

本书内容涉及的科研项目得到了国家自然科学基金项目（52064042）、内蒙古自治区自然科学基金资助项目（2020BS05004）、内蒙古科技大学创新基金资助项目（2019QDL-B34）的资助，在此表示感谢。

由于水平有限，书中难免存在不足之处，恳请专家、学者不吝赐教，谢谢！

著　者

2021 年 9 月

目　　录

1 国内外技术进展

1.1 煤矿巷道围岩稳定性物理模型实验技术

深部岩体由于其随机分布的节理、裂隙等结构面造成的岩体结构不连续性、各向异性及构造应力场的复杂性，导致其本构关系及屈服准则一直没有统一的观点和精确的解释[1]。而采用相似理论，建立与巷道工程地质力学模型满足相似比的物理模型，可以较真实地还原工程中岩体结构及所处的应力环境，得出的巷道围岩变形失稳破坏规律具有较高的参考价值和工程指导意义，因此国内外采用物理模型实验对煤矿巷道围岩稳定性开展研究，并得到了许多有价值的研究成果。

王琦等对深部厚顶煤巷道变形机理开展了大比例尺物理模型实验[2~5]，得到了深部厚顶煤巷道围岩变形破坏机理，即由于巷道顶板煤岩体裂隙发育、强度低，该处的应力释放程度明显比巷道底板和两帮剧烈，最终产生碎胀变形失稳。马腾飞等采用大尺度三维物理模型试验系统[6~7]，在高加载应力条件下对不同倾角、多组节理的岩体进行开挖，指出随着节理倾角的增大，洞室破裂区从两帮向顶底板扩展，并且逐渐与节理面贯通，顶板围岩失稳风险随之增大；之后又在高加载应力条件下对一定倾角、多组裂隙的岩体进行开挖，发现随着开挖的深入，顶底板出现大变形，左右帮出现破裂区，并最终坍塌。孟波等采用物理模型实验的方法得到了圆形巷道围岩的剪切滑移裂隙线及引起巷道围岩滑移变形的极限荷载数量级[8~9]。

王猛以900m埋深的掘进巷道为实验背景[10]，研究了不同支护方式下巷道围岩主应力、变形演化规律及破坏特征。杨伟峰等采用模型实验研究了裂隙对巷道围岩稳定性的影响，指出巷道围岩的稳定性随着裂隙倾角的增大而降低，随着裂隙间距的增大而增高[11]。勾攀峰等利用物理模型试验系统研究了有无锚杆支护条件下巷道围岩的破坏过程及不同部位的破坏形态[12]。张明建等运用相似材料模拟实验研究了鹤壁煤电八矿深部倾斜岩层巷道围岩变形破坏特征[13]，提出巷道围岩失稳破坏的原因为裂隙的发育贯通在顶板形成非对称的弧状破断。

牛双建等采用大尺度真三轴模拟实验系统真实再现了山东郓城煤矿深部巷道围岩开挖卸荷效应的全过程，揭示了深井巷道不同深度处围岩真实的主应力差演化规律[14]：松动破坏区内围岩的主应力缓慢增加到一定峰值后出现明显的跌落，距巷道越远位置，主应力变化趋势越滞后，围岩主应力差值跌落程度越低；松动圈外不同深度处围岩主应力差先缓慢增加后趋于稳定，上升程度不大，距巷道越远位置，围岩主应力差上升程度越低。

李建忠等研制了大比例巷道锚杆支护模型试验台[15~16]，并用其研究了高支承压力对锚杆支护巷道顶板稳定性的影响，开展了支承压力作用下和支护条件下完整岩体顶板和层状节理岩体顶板物理模型实验，对两种顶板条件下模型变形失稳过程中的剪切、张拉裂隙演化规律和锚杆轴力变化规律进行了对比分析，指出顶板中部产生的张拉裂隙和顶角处产生的倾斜剪切裂隙向顶板深处扩展，两类顶板均在剪切裂隙引起的滑移变形作用下产生大变形失稳，锚杆支护对剪切裂隙的产生和滑移变形有明显的抑制作用。

赵启峰等通过相似模拟实验研究了巷道泥质顶板离层机理[17]，提出裂隙发育、快速扩展、趋稳和突变垮冒为离层发生过程的四个阶段，在趋稳阶段就应对巷道进行补强支护，否则巷道将在突变垮冒阶段发生失稳事故。洛锋等采用相似材料模拟实验揭示了层状梯形巷道受载围岩出现楔形破坏、滑移失稳、顶底板大挠度断裂三种破坏形态[82]。

He MC 团队对 0°、45°、60°、90°倾角层状岩层中巷道围岩无支护条件下的变形破坏过程进行了物理模型实验研究[18~25]，利用热力耦合原理对岩体破坏特征和对应的温度特征进行了对比分析，得出了 4 类倾角条件下层状巷道围岩的变形破坏机理，并利用物理模型实验对 10°和 30°倾角层状岩层中巷道围岩无支护条件下的变形破坏过程进行了研究[26~29]，揭示了渐进加载条件下 10°倾角岩层巷道拉、压应变场的演化过程，利用热力耦合原理对岩体破坏特征和对应的温度特征进行了对比分析，得出了 2 类倾角条件下层状巷道围岩的变形破坏机理。侯定贵等建立了 0°和 45°倾角层状岩体深部巷道物理模型[30,31]，并在巷道顶板和两帮关键部位安设了恒阻锚杆，对两类倾角条件下巷道渐进加载围岩变形破坏失稳过程全场位移和关键点应变进行了分析，并对恒阻锚杆轴力进行了监测分析，结果表明水平巷道沿顶底板中部挠曲失稳，45°倾角岩层巷道失稳的关键部位为顶板右侧和底板左侧，恒阻锚杆轴力加速上升阶段超前于顶板突变失稳阶段，因此可以用于深部巷道围岩大变形失稳的监测预警。

1.2　大尺度物理模型实验监测技术

大尺度物理模型实验中的监测技术主要针对物理模型的应变、应力、表面位移、内部位移、红外辐射温度、裂隙等的监测进行设计开发，分为接触式监测技术和非接触式监测技术两类。

接触式监测技术有应变片、压力传感器、光纤光栅传感器、位移计、声发射监测系统等[32]。用光纤光栅应变传感器和应变仪监测物理模型内部应变与应力变化，采用光栅多点位移计监测物理模型内部的位移变化[3]。利用预埋的光纤光栅传感器获得了加荷条件下物理模型变形破坏过程中围岩内部应变的变化特征[33]；利用应变传感器获得了物理模型巷道周围主应力大小变化，采用位移计获得了巷道围岩的收敛变形情况[10]。利用声发射监测系统捕捉到了支承压力作用下，完整岩体顶板和层状节理岩体顶板物理模型变形失稳过程中剪切和张拉裂隙产生扩展情况[16]。借助声发射监测系统获取了物理模型过程变形失稳过程中的岩石损伤信号[34]。借助三维应力测试元件揭示了物理模型巷道不同部位围岩开挖前后应力状态变化过程[35]。采用位移传感器监测得到了相似模型巷道开挖后顶板离层量变化情况[17]。利用压力传感器对深部层状围岩巷道物理模型中安设的恒阻锚杆受力进行了监测[1]，得到物理模型变形失稳过程中锚杆轴力变化的数据。

非接触式监测技术有数字图像散斑相关监测技术、红外热成像监测技术。

数字图像相关技术通过采集匹配物理模型表面散斑点的运移数据从而获得物理模型表面位移场[36~37]。利用数字图像散斑相关监测系统对渐进加载深部层状物理模型巷道围岩变形破坏失稳过程全场位移进行了监测[1]。利用数字图像散斑相关监测系统对渐进加载深部缓倾斜层状物理模型巷道围岩变形过程位移场进行了监测[78]。

红外热成像技术将采集到的物理模型表面红外热辐射数据转化为温度数据，可采用热力耦合原理对温度数据反应的物理模型力学响应和变形破坏状态进行分析[38,39]。对0°、45°、60°、90°倾角层状岩层巷道物理模型的渐进加载开挖过程进行了红外热成像探测[18~25]，得到了巷道围岩变形破坏过程中的异常温度变化特征；采用红外成像技术监测了10°和30°倾角层状岩层巷道物理模型表面温度数据[26~29]，得到了渐进加载过程中巷道围岩温度场的演化特征。

1.3 煤矿巷道围岩稳定性数值模拟方法

数值模拟实验方法可以真实再现节理岩体由结构面造成的各向异性、地应力状态和应力梯度，揭示巷道开挖后偏应力引起的变形破坏失稳过程中的宏观力学行为，检验支护体的支护效果等[40~47]，因此数值模拟实验方法日益成为煤矿巷道支护工程围岩应力演化和变形破坏状态分析的有力手段。

目前针对巷道围岩稳定性控制，应用最广泛的数值模拟软件是基于有限差分法的 FLAC（Dimensional Fast Lagrangian Analysis of Continua）软件和基于离散元法的 UDEC（Universal Distinct Element Code）软件[48]。

采用 FLAC 软件分析得出沿空侧围岩主应力集中、方向改变、支护体延伸性能差共同导致了巷道围岩非均匀塑性区和非均匀大变形的出现[49]。采用 FLAC3D 软件揭示了千米深井巷道的破坏模式为顶底板出现非对称变形破坏而两帮为对称变形破坏,并揭示了巷道开挖卸荷过程中围岩主应力差的演化规律[50]。采用 FLAC3D 软件分析得出地应力较大与围岩强度表现出软岩力学特性是千米埋深煤巷失稳的主要因素,失稳模式主要表现为剪切滑移破坏[51]。采用 FLAC3D 软件进行了顺槽顶板支护研究[52]。采用 FLAC3D 软件揭示了不同侧压力系数对巷道围岩变形及塑性区的影响[53,54]。采用 FLAC3D 软件分析了不同剪胀角和巷道断面形状条件下的围岩支护效果[55]。采用 FLAC3D 软件分析了构造应力和垂直应力分别占主导时偏应力和塑性区演化导致的巷道围岩对称失稳和非对称失稳[56]。采用 FLAC3D 软件发现巷道开挖后形成的应力壳控制着巷道围岩的稳定性[57];采用 FLAC2D 软件得出回采动压的非均称分布,导致了巷道顶板和两帮的非均称变形[58]。采用 FLAC3D 程序得出深部围岩的剪胀扩容效应导致了浅部围岩的最终变形[59]。采用 FLAC2D 软件得出围岩结构的非对称和强度差异产生的长期蠕变差值共同导致了深部巷道不对称变形[60]。采用 FLAC3D 软件研究得出高偏应力和采动应力会使巷道围岩出现随主应力方向变化的蝶叶形分布塑性区,蝶叶内岩石出现严重膨胀变形破坏[61]。

但是用 FLAC 软件等连续介质方法模拟巷道围岩稳定性主要存在两方面的局限性,一是无法观测到巷道围岩裂隙的形成和扩展,因此巷道围岩破裂扩容变形和失稳过程不能直观呈现,只能通过围岩的位移情况和塑形剪切应变情况进行推测;二是很难在连续介质模型内部直接生成层理和节理等不连续结构面[48]。与之相比,不连续介质方法中的离散元软件 UDEC 更适合模拟巷道围岩的渐进失稳过程,因为离散元软件 UDEC 可以分析介质的连续变形和不连续变形、断裂失稳和大尺度位移、回转变形、裂隙演化过程等,因而广泛用于地下工程[62,63]。

采用 UDEC 软件对比研究了不同支护方式对超千米深井巷道围岩变形的控制效果并确定了最优的支护参数[64];用 UDEC 软件研究了锚杆对软岩巷道围岩的支护作用机理[65]。还用 UDEC 软件研究了支承压力对锚杆加固巷道顶板围岩稳定性的影响[16],模拟结果表明高支承压力作用下,完整顶板和层状顶板产生相同模式的失稳破坏,破坏模式为顶板中部产生张拉破坏、顶角产生向围岩深部扩展的剪切破坏,最终贯通的剪切裂隙导致顶板围岩剪切滑移失稳;剪切滑移失稳的机理为完整岩体首先产生张拉破坏,然后沿层理和节理等结构面产生剪切滑移,当作用在顶板上的支承压力荷载远小于顶板围岩抗压强度时剪切滑移破坏出现。采用 UDEC 软件研究了煤矿巷道围岩顶板剪切破坏机理[66],研究结果表明剪切破坏首先出现在巷道顶角,然后向顶板深处发育,最终顶板围岩形成大范围的剪切破坏失稳,锚杆支护对顶板剪切破坏控制效果的模拟结果表明锚杆可以抑制岩体的扩容变形，减少顶板围岩形成岩桥而失稳破坏，保持围岩强度从而显著减小顶板下沉；还采用 UDEC 软件研究了煤矿巷道围岩在采动应力影响下的挤压破坏机理[67]，研究表明围岩首先形成初始裂隙，然后在高采动应力作用下裂隙发育扩展，导致围岩出现明显的扩容变形失稳，并且围岩挤压破坏过程中剪切破坏相比张拉破坏占主导地位；此外采用 UDEC 软件研究了沿空掘巷巷道围岩的脆性破坏[68]，研究结果表明巷道围岩出现了巷帮鼓出、严重底鼓、顶板轻微开裂的非对称变形破坏，并且剪切破坏在巷道围岩破坏中占主导地位。

1.4 煤矿巷道围岩锚索支护材料

锚索索体材料采用具有一定弯曲柔性的钢绞线，与锚杆相比，锚索深度大，承载力、预应力高，可将浅部不稳定围岩锚固在深部稳定岩层中[94]，因此广泛应用于高地应力、破碎围岩、复合顶板、动压作用等各种类型煤矿巷道的支护加固[69]。我国煤矿锚索由 1×7 结构发展到 1×19 结构，1×7 结构锚索直径由15.2mm 发展到 17.8mm、19mm、21.6mm 多个系列，1×19 结构锚索直径由18mm 发展到 20mm、22mm、28.6mm 多个系列，钢绞线结构不断优化完善、直径不断加粗、承载能力不断增高、延伸性能不断增强[94,95]。

但是巷道支护工程中越来越多的出现缓慢渐进大变形、动压冲击瞬时大变形等破坏失稳现象。针对上述现象采用普通锚索支护时，变形量往往大大超过普通锚索的极限延伸量，导致锚索因难以适应巷道围岩的大变形而崩断失效。为解决此类问题，前人主要从两方面对普通锚索进行了改进：一是通过提高锚索材料的力学和结构性能实现延伸特性的增强（如高预应力强力锚索等），但索体材料自身弹性延伸率提供的变形量十分有限；二是通过安装在锚索托盘与锁具之间的让压配件实现让压延伸[70]，如鸟窝锚索等，但是让压延伸量依然较小，难以适应深部巷道围岩大变形控制的要求。

2 缓倾斜节理岩体煤巷开挖卸荷变形机理

2.1 工 程 背 景

2.1.1 矿井概况

本次数值模拟所依托的具有代表性的工程背景为清水煤矿南二05工作面运输顺槽。清水煤矿位于沈北煤田东南部，开采对象为褐煤，设计开采深度为+50~−900m，开拓方式为片盘斜井，采煤方法为走向长壁全部垮落法，矿井各环节生产能力经过核定为90万吨/年[71,72]，顺槽埋深552mm~587m，倾角9~25°[73]。

2.1.2 巷道围岩地质力学参数特征

根据前期在清水煤矿进行的现场地应力测试、围岩强度测试及围岩结构观测[72~74]，清水矿南二05工作面运输顺槽巷道围岩地质力学参数特征如下。

2.1.2.1 地应力

采用煤矿井下空心包体应变计地应力测量装置，在清水煤矿−450井底车场采用应力解除法进行了地应力测量，如图2-1所示。地应力测量结果见表2-1。

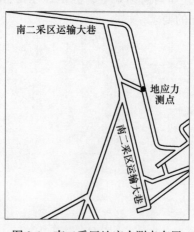

图2-1 南二采区地应力测点布置

表 2-1　南二采区井底车场地应力测量结果

测点位置	H/m	σ_V/MPa	σ_H/MPa	σ_h/MPa
-450 车场	520m	14.508	17.652	8.832

表中，H 为测点埋深；σ_V，σ_H，σ_h 分别为垂直、最大、最小水平主应力。

2.1.2.2　围岩性质

巷道围岩岩性柱状图如图 2-2 所示。

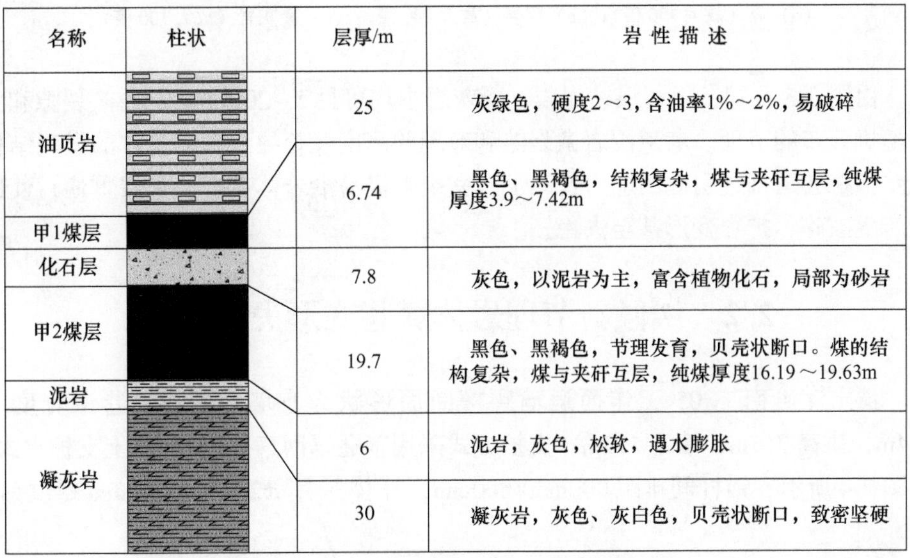

名称	柱状	层厚/m	岩 性 描 述
油页岩		25	灰绿色，硬度2～3，含油率1%～2%，易破碎
		6.74	黑色、黑褐色，结构复杂，煤与夹矸互层，纯煤厚度3.9～7.42m
甲1煤层			
化石层		7.8	灰色，以泥岩为主，富含植物化石，局部为砂岩
甲2煤层		19.7	黑色、黑褐色，节理发育，贝壳状断口。煤的结构复杂，煤与夹矸互层，纯煤厚度16.19～19.63m
泥岩		6	泥岩，灰色，松软，遇水膨胀
凝灰岩		30	凝灰岩，灰色、灰白色，贝壳状断口，致密坚硬

图 2-2　南二 05 工作面运输顺槽岩性柱状图

巷道围岩的物理力学参数指标见表 2-2。

表 2-2　巷道围岩物理力学参数

岩性	容重 /kN·m^{-3}	抗压强度 /MPa	抗拉强度 /MPa	弹性模量 /GPa	泊松比	黏结力 /MPa	内摩擦角/(°)
煤	16.0	9.82	0.97	3.04	0.210	1.09	23
泥岩	25.3	20.62	1.92	6.39	0.149	2.24	27
凝灰岩	25.6	29.21	2.77	9.06	0.135	3.26	32

2.1.2.3　围岩结构

清水矿南二 05 工作面运输顺槽巷道围岩的微观结构电镜扫描实验结果如图 2-3 所示。

图 2-3　巷道围岩结构电镜扫描结果[72]

（a）煤（放大 150 倍）；（b）泥岩（放大 100 倍）；（c）凝灰岩（放大 100 倍）

由图 2-3 可知，甲 2 煤、泥岩、凝灰岩中均可见 5~20μm 左右的微裂隙和大量随机分布的节理。巷道围岩微裂隙和节理的高度发育导致围岩整体的微观结构较差，在巷道掘进引起的应力扰动下，微裂隙极易沿岩体节理面扩展贯通，使围岩产生破碎、扩容变形甚至失稳。

2.2　缓倾斜节理岩体煤巷变形失稳特征

清水煤矿南二 05 工作面运输顺槽断面形状为直墙半圆拱，巷道宽度为5.4m，拱高2.7m，墙高1.2m，支护方式采用普通锚网索＋喷射混凝土支护方式，如图2-4所示，锚杆间排距 800mm×800mm，杆体采用 φ20mm×2200mm 螺纹钢；

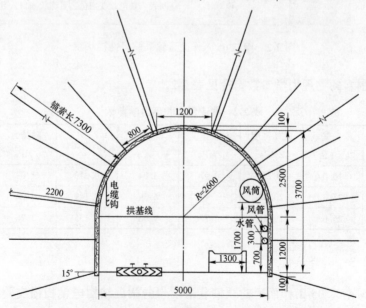

图 2-4　南二 05 工作面运输顺槽支护参数[72]（单位：mm）

锚索间排距 1200mm×1600mm，材料规格为 φ15.24mm×7300mm 钢绞线，混凝土等级为 C20，厚 100mm，断层影响段架设间距 800mm U29 型钢。

前期的现场调研和监测结果如图 2-5 所示，将清水煤矿南二 05 工作面运输顺槽变形失稳特征总结如下[72,73]。

（1）受巷道掘进开挖后应力重分布引起的偏应力向临空释放的影响，巷道围岩在短时间内断面发生较大收缩。巷道掘出后围岩变形趋于稳定的时间一般超过 70 天，平均变形速率 8mm/d。

（2）巷道顶底板移近量大于两帮收敛量，且底鼓十分严重，变形呈现明显非对称性。顶底板收敛量比两帮大 1.35~2.0 倍，底鼓量占到了 57%~63%。右帮侧底板鼓起变形比左帮侧严重，顶板中部和右侧岩层产生相对错动和内缩变形，两帮非对称内挤。

（3）多根锚杆、锚索出现拉断失效、托盘压裂现象，U 型钢多处出现右肩压弯现象，混凝土多处出现开裂。锚杆、锚索、U 型钢、混凝土的破断、变形失效表明支护体刚度和强度与围岩大变形不耦合、不协调。

(a)　　　　　　　　　　　　　　(b)

(c)　　　　　　　　　　　　　　(d)

图 2-5　巷道围岩非对称变形特征[72、73]

（a）断面收缩变形；（b）轨道侧帮鼓出变形；（c）U 型钢弯曲失效；（d）底鼓抬高皮带机

2.3　缓倾斜节理岩体煤巷开挖卸荷变形失稳机理

2.3.1　数值模型的建立

离散元软件 UDEC 算法属性十分适合模拟岩体的大变形移动、岩块的回转、岩块沿节理面的分离，因此，它能够精确直观地再现冒顶、片帮、底鼓引起的围岩大变形破坏[68,76]。因此本节采用 UDEC 离散元软件研究缓倾斜节理岩体煤巷开挖卸荷变形失稳机理[75]。离散元软件 UDEC 的运算法则是将计算区域划分成离散块体，这些离散块体的边界由相互交错的结构面连接，这些块体之间的结构面被视为接触面[77]。

考虑到岩体的破裂行为主要由接触面受力状态决定，完整岩块的本构模型选用弹性本构模型，接触面的本构模型选用库伦滑移模型[78]，在接触面法向：

$$\Delta\sigma_n = -k_n\Delta u_n \tag{2-1}$$

式中，k_n 为接触面的法向刚度；$\Delta\sigma_n$、Δu_n 分别为接触面法向有效应力增量和位移增量。

当接触面法向有效应力超过接触面的极限抗拉强度时，$\Delta\sigma_n = 0$。在接触面切向：若

$$|\tau_s| \leqslant c + \sigma_n\tan\varphi = \tau_{max} \tag{2-2}$$

则

$$\Delta\tau_s = k_s\Delta u_s^e \tag{2-3}$$

否则，若

$$|\tau_s| \geqslant \tau_{max} \tag{2-4}$$

有

$$\Delta\tau_s = \text{sign}(\Delta u_s)\tau_{max} \tag{2-5}$$

式中，k_s 为接触面的切向刚度；$\Delta\tau_s$ 为接触面切向应力增量，Δu_s^e 为弹性阶段切向位移增量；Δu_s 为整个阶段切向位移增量。

微裂隙的形成、扩展、贯通过程可以由接触面的滑移和张开直观反映，当作用在接触面上的偏应力超过其抗拉或抗剪强度时，接触面产生剪切滑移破坏或者张拉张开破坏[63]。由于三角离散块体能较好地模拟裂隙滑移、张开、扩展、贯通过程[79]，因此将巷道周边研究区域内的围岩划分为离散的随机三角块体模拟被随机节理切割的岩块；其他区域的岩体划分为离散的随机多边形块体模拟岩体中被随机节理切割的岩块。在整个数值计算模型岩体中生成间距为 0.3m，倾角为 20° 的贯通节理，模拟实际缓倾斜地层中产状较大的层理及节理分布形态。随机三角块体边长应当足够小以揭示岩体中裂隙的发育规律，本次模拟随机三角块

体边长取 0.3m；随机多边形块体边长按等级增加取 0.6m，以消除由于块体尺寸突然大幅增加模型运算准确度下降的问题。

基于清水煤矿南二 05 工作面运输顺槽的地质力学条件，建立了缓倾斜节理岩体煤巷的离散元数值模型，如图 2-6 所示。模型宽度和高度均为 24m，选取缓倾斜节理岩体煤巷的开挖断面，模型尺寸大小足够消除边界效应，模型由 650432 个块体、1822142 个接触面、1200467 个三角网格单元组成。根据应力解除法实测得到的初始地应力，模型左右两侧边界施加初始最大水平应力 17.652MPa，平行于巷道掘进方向施加初始最大水平应力 8.832MPa，模型顶部边界施加初始垂直应力 14.508MPa，模型左右两侧和底部边界固定，在模型顶部施加应力增长梯度为 0.023MPa/m 的 14.508MPa 垂直应力模拟上覆岩层重力。

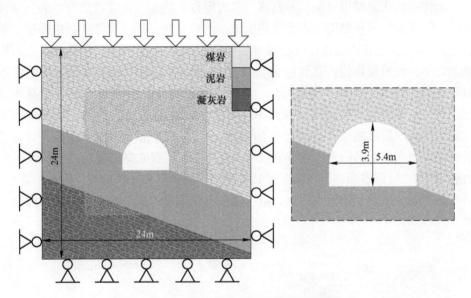

图 2-6　南二 05 工作面运输顺槽数值计算模型

2.3.2　岩体参数校正

数值模型中使用的岩块的密度等于表 2-2 中岩体的密度，体积模量 K 和剪切模量 G 由表 2-2 中岩体的弹性模量和泊松比按式（2-6）和式（2-7）分别计算得到，接触面的抗拉强度按岩体抗压强度的 1/12 取值[65]。接触面的法向刚度 K_n、切向刚度 K_s、黏聚力 C、内摩擦角 φ 等物理力学参数由表 2-1 中岩体弹性模型和抗压强度校正后获得，校正过程通过一系列数值试件单轴压缩实验实现[79]。被校正的试件有和数值模型中的各层岩体一样的节理和网格分布形态，岩体的弹性模量由接触面的切向刚度和法向刚度决定[79]，根据式（2-8）计算得到接触面切向刚度和法向刚度的取值范围[80]。

$$K = \frac{E}{3(1 - 2\mu)} \quad (2\text{-}6)$$

$$G = \frac{E}{2(1 + \mu)} \quad (2\text{-}7)$$

$$K_n = n \left[\frac{K + \frac{4}{3}G}{\Delta Z_{min}} \right], \ 1 \leqslant n \leqslant 10 \quad (2\text{-}8)$$

式中，K，G 分别为岩块体积模量和剪切模量；ΔZ_{min} 为模型最小网格单元长度。接触面切向刚度 $K_s = 0.4K_n$。

　　岩体的抗压强度由接触面的黏聚力和内摩擦角决定。首先根据岩体的力学性质估计需要校核的接触面力学参数初始值，然后反复对数值试件进行单轴压缩实验并根据应力-应变曲线得出的岩体弹性模量和抗压强度不断调整需要校核的接触面力学参数的初始值，直到应力-应变曲线得出的岩体弹性模量和抗压强度近似等于岩体的弹性模量和抗压强度。为了保证试样完全屈服并进入峰后破坏状态，数值单轴压缩实验计算步数取 10000 步，加载速率为 0.1m/s。数值单轴压缩实验得到的最优的应力-应变曲线如图 2-7 所示。校核所得用于数值模型计算的最优的岩块和接触面物理力学参数见表 2-3。校核得到的弹性模量值和抗压强度值见表 2-4，可以看出二者近似等于目标弹性模量值和抗压强度值。因此，表 2-3 所列的岩块和接触面物理力学参数值可以用于深埋缓倾斜节理岩体开挖卸荷数值模型的计算。

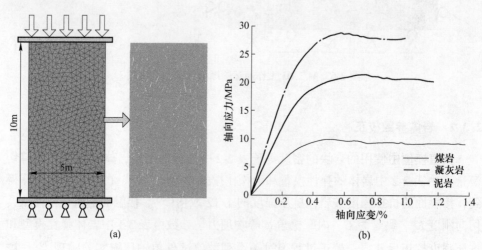

(a)　　　　　　　　　　　　　　　(b)

图 2-7　岩体单轴压缩数值模拟实验结果

（a）单轴压缩数值实验；（b）应力-应变曲线

表 2-3 校核的数值模拟煤岩体物理力学参数

岩性	块体			接触面				
	密度 /kg·m⁻³	体积模量 /GPa	剪切模量 /GPa	法向刚度 /GPa·m⁻¹	切向刚度 /GPa·m⁻¹	黏聚力 /MPa	内摩擦角 /(°)	抗拉强度/MPa
煤岩	16.0	1.75	1.26	338.14	135.26	1.71	30	0.97
泥岩	25.3	3.03	2.78	849.46	339.78	3.04	34	1.92
凝灰岩	25.6	4.14	3.99	1230.58	492.23	3.35	38	2.77

表 2-4 岩体弹性模量和抗压强度校正结果

岩性	弹性模量/GPa		误差/%	抗压强度/MPa		误差/%
	目标值	模拟值		目标值	模拟值	
煤岩	3.04	3.05	0.33	9.82	9.92	1.02
泥岩	6.39	6.25	2.19	20.62	21.44	3.98
凝灰岩	9.06	8.79	3.00	29.21	28.83	1.30

2.3.3 数值模拟

数值模型边界条件和实际地应力水平施加后，运算模型至平衡形成与所研究工程地质力学模型一致的初始地应力场，模拟巷道开挖前的原岩应力场；然后按南二 05 工作面运输顺槽实际尺寸为 5.4m（宽度）×2.7m（拱高）×1.2m（墙高）删除巷道区域内岩块来模拟开挖。为了更真实地模拟巷道开挖引起的应力释放卸荷过程，借助 UDEC 内嵌 FISH 语言程序将采集的巷道表面围岩应力数据分为 I～XI 共 10 个等级渐进释放卸荷，每个等级应力值释放衰减 10%，直至巷道围岩表面应力卸荷释放完成，应力值衰降至 0。在每个卸荷阶段，模型需运算足够的步数直至不平衡力系数降至 $1×10^{-5}$。为了得到巷道围岩开挖卸荷过程中的裂隙演化规律，利用 UDEC 内嵌 FISH 语言编制程序对所研究的巷道周边三角离散块体区域内的张拉裂隙和剪切裂隙的数量和长度数据进行追踪监测统计。

2.3.4 缓倾斜节理岩体煤巷开挖卸荷变形失稳机理分析

2.3.4.1 缓倾斜节理岩体煤巷开挖卸荷变形特征

巷道围岩位移矢量云图如图 2-8 所示，受缓倾斜岩层结构面倾角影响，巷道围岩在开挖后应力渐进释放卸荷过程中呈现出明显的非对称变形特征，当应力释放卸荷进入最后一个阶段时，巷道围岩开始出现非对称大变形失稳，围岩整体变形量明显增加，巷道底板左侧和顶板右侧拱肩变形量增加最为显著，巷道底板最大变形量出现在底板左侧，向底板中部和右侧依次递减，但底板整体变形量依然较大；巷道顶板最大变形量出现在顶板右侧拱肩部位，变形程度和变形范围向顶板中部、右侧和右帮依次递减，巷道右帮变形范围大于巷道左帮。

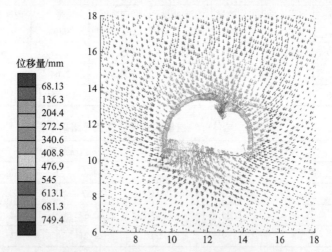

图 2-8 巷道围岩开挖卸荷变形过程中位移场演化特征（单位：m）

巷道开挖后应力渐进释放卸荷过程中表面关键点的位移曲线如图 2-9 所示，监测点分别布置在巷道顶板底板中部、底板左右侧、两帮中部和左右拱肩处。随着应力渐进释放程度的增加，表面位移呈现出台阶式逐渐上升的趋势，并且每个应力释放阶段围岩变形速率越来越大，进入最后一个应力释放阶段时，围岩变形速率显著增大，并且没有平稳迹象，表明巷道围岩进入大变形失稳阶段，与位移矢量云图反映出的顶板围岩大变形失稳阶段一致。巷道底板左侧围岩最大位移

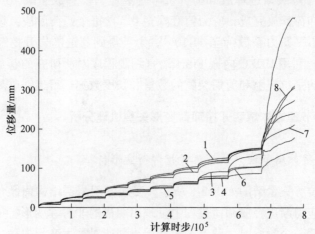

图 2-9 巷道围岩开挖卸荷变形过程中关键点位移场演化特征

1—顶板中部；2—底板中部；3—底板左侧；4—底板右侧；
5—左帮中部；6—右帮中部；7—顶板左侧；8—右拱肩

量为486mm，巷道底板中部围岩最大位移量为307mm，巷道底板右侧围岩最大位移量为143mm，与位移矢量云图反映出的底板围岩变形程度由左到右递减的趋势一致；巷道顶板右侧拱肩部位围岩最大变形量为311mm，巷道顶板中部最大变形量为274mm，巷道顶板左侧拱肩部位围岩最大变形量为212mm，与位移矢量云图反映出的顶板围岩变形程度由右到左递减的趋势一致；巷道左帮中部围岩最大变形量为179mm，巷道右帮中部围岩最大变形量为240mm，巷道右帮变形程度大于巷道左帮。

在巷道顶板中部、底板中部、两帮中部布置测线，监测巷道开挖后应力释放卸荷完成时围岩0~9m深度范围内不同位置处的位移量，测线上测点的间隔距离为0.18m，共分布50个测点，监测结果如图2-10所示，从图中可以看出，底板不同深度处位移量的波动程度最剧烈，波动范围集中在距巷道底板表面3m深度范围内；巷道左帮不同深度处位移量的波动程度大于右帮，两帮波动范围集中在距巷帮表面1.2m深度范围内；巷道顶板不同深度处整体下沉位移量较大，位移波动范围集中在距巷道顶板表面1.8m深度范围内。位移波动的程度和范围反映了巷道围岩的失稳破碎程度、破坏范围及扩容变形程度，可以看出巷道顶底板的破碎扩容变形失稳程度最为严重，巷道右帮次之，巷道左帮破碎扩容变形失稳程度最轻，但是巷道围岩整体进入了非对称大变形失稳状态。

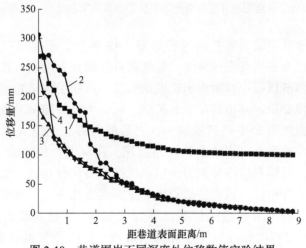

图2-10 巷道围岩不同深度处位移数值实验结果
1—顶板中部；2—底板中部；3—左帮中部；4—右帮中部

2.3.4.2 缓倾斜节理岩体煤巷开挖卸荷裂纹（裂隙）扩展规律

应力释放完成时巷道围岩宏观裂隙分布形态如图2-11所示，顶板右侧拱肩失稳冒落，底板左侧鼓起，右帮整体片帮，左帮帮脚片帮剥落。巷道周边围岩中发育了大量肉眼可见的贯通的宏观裂隙，并且宏观裂隙分布特征与围岩非对称大变形失稳分布一致，巷道底板左侧和顶板右侧拱肩破碎扩容变形程度最为严重，右帮次之，左帮最轻，表明贯通的宏观裂隙引起了巷道围岩的破碎扩容变形失稳；宏观裂隙张开度越大，长度越长，贯通长度越高，越接近巷道围岩表面，巷道围岩破碎扩容变形失稳程度越严重。

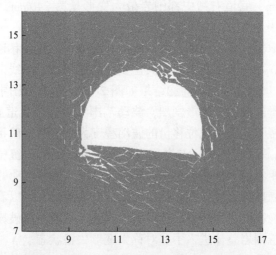

图 2-11　巷道围岩开挖卸荷变形失稳形态数值实验结果（单位：m）

巷道围岩微观裂纹发育扩展过程如图 2-12 所示，图中深灰色线条代表剪切裂纹，浅灰色线条代表张拉裂纹；巷道两侧底脚首先出现沿接触面发育的剪切裂纹，之后巷道顶板中部附近出现剪切裂纹，剪切裂纹从巷道两侧底脚和巷道中部向巷道浅部围岩其他部位发育扩展。从应力释放卸荷阶段 8 开始剪切裂纹分布范围和密度开始迅速扩展增加，之后剪切裂纹向围岩深部迅速发育扩展；在应力释放阶段 9 时张拉裂纹开始出现，在应力释放阶段 10 时张拉裂隙迅速发育扩展，最终巷道浅部围岩形成环状张拉裂纹分布区，巷道深部围岩形成环状剪切裂纹分布区。顶板裂纹最大扩展深度为 2.36m，底板裂纹最大扩展深度为 3.75m，右帮裂纹最大扩展深度为 2.32m，左帮裂纹最大扩展深度为 1.57m，可以看出巷道底板裂纹发育范围最大，其次是巷道顶板和巷道右帮，巷道左帮裂纹发育范围最小。在巷道底板靠左侧和顶板靠右侧，形成多条沿贯通长节理面分布的长度较长的剪切裂纹和张拉裂纹，其他部位剪切裂纹和张拉裂纹形态沿随机节理面发育分布。由应力释放阶段 10 围岩破坏阶段张拉裂纹发育扩展过程及宏观裂隙产生扩展过程可以看出，张拉裂纹的扩展分布形态与宏观裂隙的扩展分布形态一致，表明张拉裂纹的发育扩展引起了围岩宏观裂隙的产生、扩展和贯通。

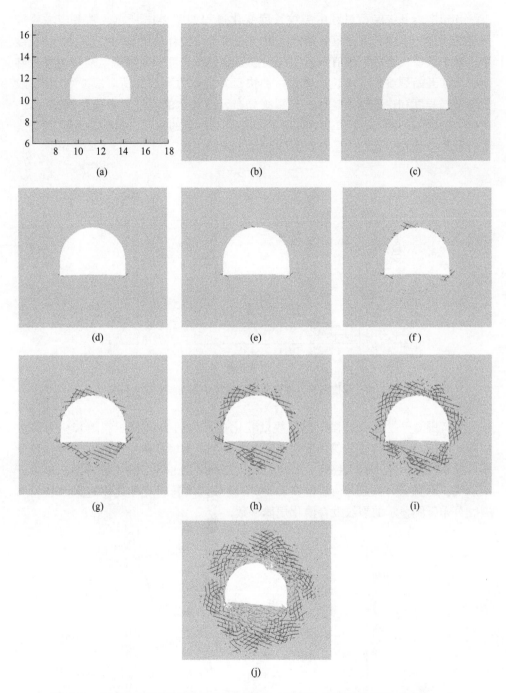

图 2-12 巷道围岩开挖卸荷变形过程中剪切（张拉）裂纹发育情况（单位：m）

(a) 卸荷阶段 1；(b) 卸荷阶段 2；(c) 卸荷阶段 3；(d) 卸荷阶段 4；(e) 卸荷阶段 5；

(f) 卸荷阶段 6；(g) 卸荷阶段 7；(h) 卸荷阶段 8；(i) 卸荷阶段 9；(j) 卸荷阶段 10

　　巷道围岩开挖卸荷过程中裂纹长度变化过程如图 2-13 所示，随着应力释放程度的增加，裂纹长度呈现台阶式上升，在每个应力释放阶段的初期，裂纹长度增长速率较快，之后裂纹有少量闭合现象导致裂纹长度轻微降低。从应力释放卸荷阶段 8 开始裂纹长度增长速率开始加快；并且应力释放卸荷阶段 9 和 10 裂纹长度增长程度和速率越来越快，与裂纹分布云图显示的裂纹发育演化规律一致；在应力阶段 10 裂纹长度有一个明显下降又趋于稳定的阶段，推测为巷道围岩失稳阶段张拉裂纹引起的大量宏观裂隙的发育张开造成。

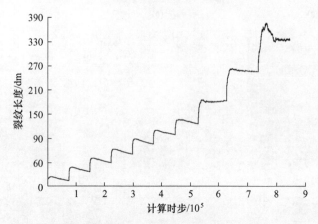

图 2-13　巷道围岩开挖卸荷变形过程中裂纹长度变化情况

　　巷道围岩开挖卸荷过程中裂纹数量变化过程如图 2-14 所示，随着应力释放程度的增加，裂纹数量呈现台阶式上升，在每个应力释放阶段的初期，裂纹数量增长速率较快，之后趋于稳定。从应力释放卸荷阶段 8 开始裂纹数量增长速率开始加快，并且应力释放卸荷阶段 9 和 10 裂纹数量增长程度和速率越来越快，与裂纹分布云图显示的裂纹发育演化规律一致。

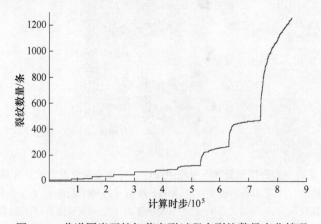

图 2-14　巷道围岩开挖卸荷变形过程中裂纹数量变化情况

2.3.4.3　缓倾斜节理岩体煤巷开挖卸荷应力演化规律

巷道围岩开挖卸荷过程中最大主应力演化过程如图 2-15 所示，在应力释放阶段 1，巷道两侧底脚首先出现应力集中，巷道两侧帮脚应力集中时间持续较长，集中程度较高；随应力释放程度的增加，在应力释放阶段 2，巷道顶板中部出现应力集中，巷道两侧底脚和顶板的应力集中程度和范围不断增加扩大，并向围岩深部扩展转移，巷道顶板右侧的应力集中时间持续较长，集中程度大于顶板左侧，巷道顶板应力集中达到一定程度后开始出现应力降低卸压区，并不断向顶板两侧和深处扩展，巷道顶板右侧的应力释放卸压程度大于巷道顶板左侧；巷道底板在应力释放阶段 4 开始出现应力降低卸压区，并不断向底板两侧和底板深处扩展，应力释放卸压程度越来越高，巷道底板左侧的应力释放卸压程度大于巷道底板右侧。巷道顶板和底脚的应力集中区域向两帮、底板和围岩深处扩展转移，最终形成环状的应力集中区域，巷道浅部围岩形成环状的应力释放卸压区域。巷道底板包括底脚在内的应力释放程度最高、范围最大，起始是巷道顶板中部、右侧和巷道右帮，巷道顶板左侧和左帮应力释放程度最低。由围岩中最大主应力演化扩展过程及围岩剪切裂隙发育扩展过程可以看出，围岩中最大主应力的演化分布形态与剪切裂隙的扩展分布形态一致，表明围岩中最大主应力的发育扩展引起了围岩剪切裂隙的产生、扩展和贯通。

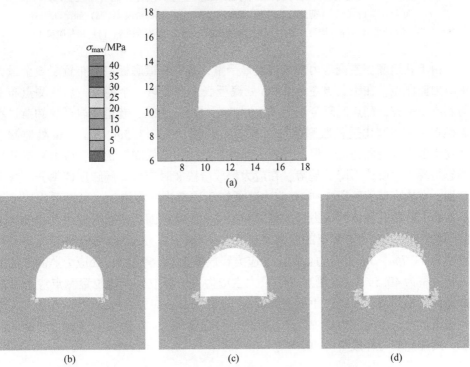

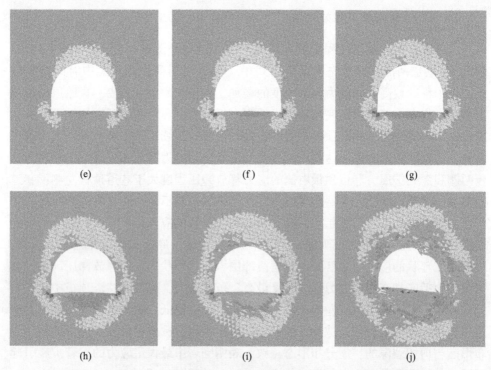

图 2-15 巷道围岩开挖卸荷变形过程中最大主应力演化特征（单位：m）

（a）卸荷阶段 1；（b）卸荷阶段 2；（c）卸荷阶段 3；（d）卸荷阶段 4；（e）卸荷阶段 5；
（f）卸荷阶段 6；（g）卸荷阶段 7；（h）卸荷阶段 8；（i）卸荷阶段 9；（j）卸荷阶段 10

由于巷道底板左侧应力释放程度最严重，选取巷道底板左侧布置了 5 个最大主应力监测点，在距巷道左帮 0.9m 处底板表面布置第一个测点，后续测点布置与测点 1 平齐，测点间隔分别为 0.5m、1m、1.5m、2m，巷道围岩开挖卸荷过程关键点主应力演化过程监测结果如图 2-16 所示，0m、1.5m、3m、5m 处监测点在巷道围岩开挖卸荷应力释放过程中始终保持应力降低卸压状态，应力降低卸压形态呈现出台阶式下降的趋势，在应力释放阶段 8 时应力降低卸压速率开始显著增加；在应力释放阶段 9 和 10 应力降低卸压速率进一步增加，可以看出四个测点在各个阶段及整体的应力释放速率和程度随距底板围岩表面深度增大呈现出递减趋势，0m 处应力监测点的应力释放率为 100%，1.5m 处应力监测点的应力释放率为 93.7%，3m 处应力监测点的应力释放率为 58.6%，5m 处应力监测点的应力释放率为 40.5%。0m 测点处的最大主应力完全释放，其他位置测点应力释放率随深度增加依次递减，距巷道底板 0.5m 处测点在应力释放阶段 1~6 最大主应力逐渐增大，出现应力集中现象；在应力释放阶段 8~10 最大主应力迅速降低卸压，最终的应力释放率为 60.9%。

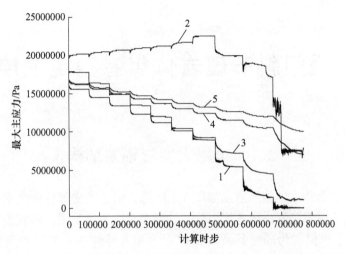

图 2-16 巷道围岩开挖卸荷变形过程中关键点最大主应力演化特征

1—0m；2—0.5m；3—1.5m；4—3m；5—5m

 巷道围岩开挖卸荷过程中张拉应力演化过程如图 2-17 所示，在应力释放阶段 9 时张拉应力开始出现，在应力释放阶段 10 时张拉应力迅速演化扩展，在巷道浅部围岩形成环状的张拉应力区域。巷道底板包括底脚在内的张拉应力作用程度最高、范围最大，起始是巷道顶板中部、右侧和巷道右帮，巷道顶板左侧和左帮张拉应力作用程度最低、范围最小。由应力释放阶段 9 和 10 围岩张拉应力演化扩展过程及围岩张拉裂隙发育扩展过程可以看出，围岩中张拉应力的演化分布形态与张拉裂隙的扩展分布形态一致，表明围岩中张拉应力的发育扩展引起了围岩张拉裂纹的产生、扩展和贯通。

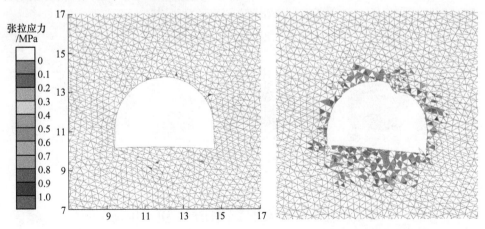

图 2-17 巷道围岩开挖卸荷变形过程中张拉应力演化特征（单位：m）

3 缓倾斜节理岩体煤巷稳定性控制

3.1 恒阻大变形锚索结构

恒阻大变形锚索结构示意图如图 3-1 所示,恒阻大变形锚索由钢绞线、恒阻装置等组成。恒阻装置由内置恒阻体、连接套筒、索盘组成,内置恒阻体结构如图 3-2 所示。该锚索为同时具备高支护阻力和大延伸率的煤矿专用恒阻大变形锚索。

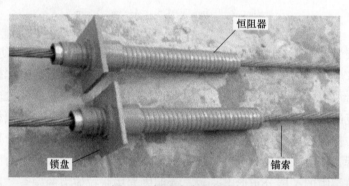

图 3-1　恒阻大变形锚索

图 3-2　内置恒阻体结构

3.2 恒阻大变形锚索静力拉伸试验

为了检验恒阻大变形锚索在控制巷道围岩缓慢大变形中的效果,采用自主研制的 HWL-2000 恒阻大变形锚索静力拉伸实验系统[69]测试其最大静力拉伸长度及恒阻值，如图 3-3 所示。

　　共选取三根恒阻大变形锚索 M-3-2-1（表 3-1）进行静力拉伸实验。实验中将恒阻锚索固定后，如图 3-4 所示，对恒阻大变形锚索施加恒定的轴向静力拉伸速率，并实时自动采集锚索延伸长度和轴向阻力数据。根据试件尺寸，拉伸速率取 20mm/min。

图 3-3　HWL-2000 静力拉伸实验系统

表 3-1　恒阻锚索规格参数

锚索长度/mm	套筒长度/mm	套筒外径/mm	套筒内径/mm	锚索直径/mm
2045	995	95	67	21.8
恒阻体长度 /mm	刻槽长度 /mm	上底外径 /mm	下底外径 /mm	刻槽深度 /mm
90	90	66	72	4

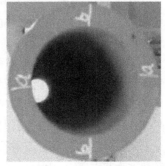

图 3-4　恒阻锚索固定

　　静力拉伸实验结果如图 3-5 所示，实验结果表明：轴向受力达到 360kN 左右时，恒阻锚索进入恒定阻力延伸变形阶段，轴向延伸距离达到 400mm。井下巷道工程支护时，恒阻锚索预紧力一般取锚索恒定阻力的 70%～80%。因此井下巷道工程应用时，依靠高预紧力和恒阻装置，锚索既能通过高预紧力和高恒定阻力有效改善围岩应力状态，又可通过恒阻体沿套筒的滑移吸收引起围岩扩容变形的能量。

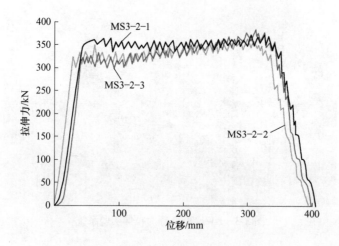

图 3-5　恒阻大变形锚索轴力-位移曲线

3.3　恒阻大变形锚索瞬时动压冲击试验

　　为了检验恒阻大变形锚索控制瞬时冲击动压引起的巷道围岩大变形的效果，采用图 3-6 所示自主设计的 LEW-20WJ 冲击实验台测试恒阻大变形锚索抵抗和吸收瞬时冲击能量的性能，该系统可施加的最大冲击能量为 15000J；落锤质量可选级别为 840kg、880kg、920kg、960kg、1000kg；冲击高度可选范围为 0～1.5m。

　　试验时将选取的 960kg 落锤提高到 1m 冲击高度位置，然后自由落体多次循环冲击恒阻锚索托盘，直至恒阻锚索索体被完全从恒阻装置拉出。恒阻锚索冲击阻力-轴向变形量曲线如图 3-7 所示，恒阻锚索提供的近似恒定的冲击阻力基本稳定在 280～375kN，单次冲击恒阻体滑移量为 50mm 左右，恒阻锚索极限轴向延伸量为 1.7m 左右。因此井下巷道工程应用时，依靠恒阻装置，锚索既能通过高恒定阻力多次抵抗瞬时冲击动压，又可通过恒阻体沿套筒的滑移不断吸收瞬时冲击动压。

图 3-6　动载冲击系统

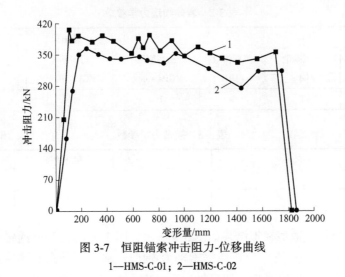

图 3-7　恒阻锚索冲击阻力-位移曲线

1—HMS-C-01；2—HMS-C-02

3.4　锚索-围岩静力作用下拉伸数值模拟

测定锚索性质的最普遍的方法是在支护工程现场进行锚索拉拔试验。具有代表性的试验方案是将锚索末端 10~50cm 长度锚固于钻孔内，然后用锚索张拉机具固定锚索外露段并进行张拉。但是工程现场现有监测手段难以对锚索受力和锚索伸长量进行实时动态监测，因此本书采取离散元数值模拟实验手段对锚固于围岩中的锚索进行拉拔试验，并对锚索的轴向受力和轴向伸长量进行实时动态监测，对比锚固条件下普通锚索和恒阻锚索力学性能及延伸率的差异。

本次模拟通过黏结于锚索末端的小岩块进行拉拔力的施加，通过拉拔岩块来拉拔锚索，锚索和岩块的粘结通过在二者的接触面设置较高黏结刚度黏结强度来实现，锚固力学特性通过改变锚固段的黏结刚度黏结强度来实现。普通锚索和恒阻锚索延伸率的差异根据锚索的实际延伸率设置不同的轴向极限延伸应变值来实现，由于本次数值拉伸模拟采用同一种钢绞线力学参数进行对比实验，因此锚索其余力学参数相同，通过 UDEC 自带的 FISH 语言编制相关程序进行锚索轴力和锚索延伸量的监测。

岩体力学参数如表 3-2 所示，岩块块体为弹性模型，接触面模型为库伦滑移模型，较大岩块尺寸为 1m×0.5m，小岩块尺寸为 0.1m×0.1m；锚索力学参数如表 3-3 所示，锚索长度为 0.5m。较大岩块左侧侧边界固定，通过给小岩块施加一个 0.005m/s 的速度进行拉拔，锚索失效轴力突降为 0 时停止拉拔，拉拔数值模型如图 3-8 所示。

表 3-2　岩体物理力学参数

块体			接触面		
密度 /kg·m^{-3}	体积模量 /GPa	剪切模量 /GPa	法向刚度 /GPa·m^{-1}	切向刚度 /GPa·m^{-1}	抗拉强度 /MPa
2500	5	3	100	100	30

表 3-3　锚索力学参数

结构单元	弹性模量/GPa	破断力/kN	黏结刚度 /N·m^{-2}	黏结强度 /N·m^{-1}
锚索	200	582	2e9	4e5

普通锚索拉拔数值模拟结果如图 3-9 所示，图 3-9（a）为普通锚索拉拔结束时模型形态，图 3-9（b）为普通锚索轴力-轴向位移实时动态监测曲线，横坐标为锚索轴向伸长量，纵坐标为锚索轴向受力大小。随着拉拔的进行，普通锚索轴力和轴向延伸量不断增加，当达到普通锚索极限抗拉承载力 582kN 时，普通锚索轴力突降为 0，破断失效，失效时锚索伸长量为 17.36mm，较小岩块与较大岩块轻微分离。

恒阻锚索拉拔数值模拟结果如图 3-10 所示，图 3-10（a）为恒阻锚索拉拔结

图 3-8 锚索-围岩拉拔实验数值模型

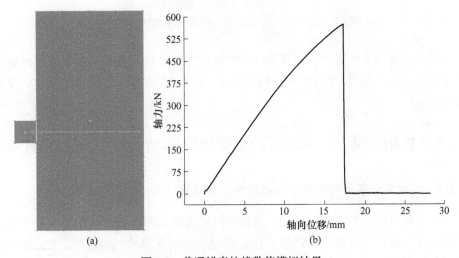

(a)   (b)

图 3-9 普通锚索拉拔数值模拟结果

（a）锚索拉拔后形态；（b）锚索轴力-轴向位移实时动态监测曲线

束时模型形态，图 3-10（b）为恒阻锚索轴力—轴向位移实时动态监测曲线。随着拉拔的进行，恒阻锚索轴力和轴向延伸量不断增加，当达到恒阻锚索极限抗拉承载力 582kN 时，恒阻锚索轴力并未突降为 0，而是保持极限抗拉承载力 582kN 恒定；同时轴向伸长量不断增加，当轴向伸长量达到 264.3mm 时恒阻锚索轴力突降为 0，破断失效，较小岩块与较大岩块产生较大分离。

对比普通锚索和恒阻锚索在拉拔作用下轴向受力变化和变形破断规律可知，普通锚索虽然极限抗拉承载力较高，能给围岩提供较高的支护阻力，但是延伸量小，在围岩产生小变形时就破断失效；恒阻锚索不仅极限抗拉承载力较高，能给

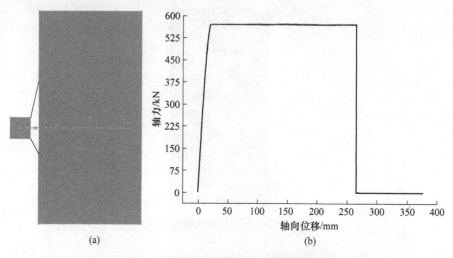

图 3-10　恒阻锚索锚索拉拔数值模拟结果

（a）锚索拉拔后形态；（b）锚索轴力—轴向位移实时动态监测曲线

围岩提供较高的支护阻力，而且允许延伸量较大，并且在围岩产生大变形时始终保持较高的支护阻力，因此恒阻锚索可以作为围岩大变形控制的十分有效的支护材料。

3.5　恒阻锚索支护条件下煤巷开挖卸荷变形特征数值模拟

3.5.1　缓倾斜节理岩体煤巷围岩稳定性控制对策

前人的研究表明提高围岩的约束力可以显著增加围岩的残余强度、改善围岩受力状态，进而抑制裂纹的产生及已有裂隙的发育扩展[81]，由恒阻大变形锚索和托盘、钢带组成的高强度、高预紧力、大延伸率主动让压支护系统可以有效封闭挤压加固围岩，显著提高围岩表面和内部的约束力，并将浅部松动破碎围岩悬吊于深部稳定完整岩层中[82]。施加预紧力的索体提供沿其长度分布的剪切抵抗力，有效抑制围岩内部裂隙的剪切滑移和张开变形。施加于锚索的预紧力通过拖盘和钢带扩散到围岩表面，围岩表面约束力的提高极大地增加了围岩强度。通过与恒阻锚索连接的托盘、W 钢带形成闭合的高强度预紧联合支护承载结构来抵抗开挖卸荷引起的围岩离层和扩容非对称大变形，可使围岩内部裂隙的发育产生、增加扩展、相互作用贯通显著减少。

本书采用离散元软件 UDEC 对"恒阻大变形锚索+托盘+W 钢带"联合支护系统在缓倾斜节理岩体巷道开挖卸荷稳定性控制中的支护效果建立数值模型进行模拟验证，在本次数值模拟中，采用 UDEC 软件内置的"Cable"单元模拟恒阻大变形锚索支护构件，通过设置"Cable"单元的极限破断抗拉强度和延伸率来实现恒阻大变形锚索的高恒阻力和大延伸率的力学特性，采用 UDEC 软件内置的"Structure"单元模拟托盘和 W 钢带支护构件。"Cable"单元和"Structure"单元的支护构件力学参数如表3-4和表3-5所示。

表3-4 "Cable"单元力学参数

结构单元	弹性模量 /GPa	破断力 /kN	黏结刚度 /N·m⁻²	黏结强度 /N·m⁻¹
锚索	200	582	2×10^9	4×10^5

表3-5 "Structure"单元力学参数

结构单元	弹性模量 /GPa	抗拉强度 /MPa	抗压强度 /MPa	接触面法向刚度 /GPa·m⁻¹	接触面切向刚度 /GPa·m⁻¹
锚索	200	500	500	10	10

在之前模拟缓倾斜节理岩体煤巷开挖卸荷变形机理的数值模型的基础上，增加支护构件来对比验证"恒阻大变形锚索+托盘+W 钢带"联合支护系统的支护效果，如图3-11所示。所有的岩体参数保持不变。

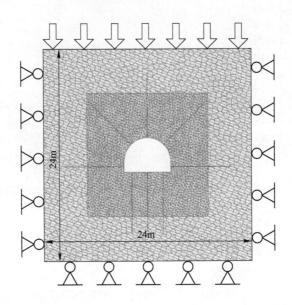

图3-11 南二05工作面运输顺槽支护条件下数值计算模型

在巷道支护模型中，共施加8根直径21.8mm、长度7m的恒阻锚索支护构件，其中顶板3根，两帮2根，底板3根，恒阻锚索预紧力为28t。在模拟过程中，为了最大程度抑制巷道围岩开挖卸荷局部快速应力集中引起的裂纹产生，巷道开挖后，立即全断面施加恒阻锚索和托盘、钢带等护表支护构件。

3.5.2　支护条件下离散元数值模拟结果

3.5.2.1　支护条件下缓倾斜节理岩体煤巷开挖卸荷变形特征

支护条件下巷道围岩位移矢量云图如图 3-12 所示，"恒阻大变形锚索+托盘+W 钢带"联合支护系统基本消除了缓倾斜岩层结构面倾角引起的巷道围岩非对称大变形特征，巷道变形范围和变形程度明显减小，并且围岩位移量的分布更加均衡，没有出现显著的扩容变形。巷道底板最大变形量出现在底板中部附近，向底板左右两侧依次递减，但底板整体变形量不大；巷道顶板最大变形量出现在顶板中部附近，变形程度和变形范围向左右两侧轻微递减，位移量变化不大；巷道右帮变形范围略大于巷道左帮，二者最大变形量近似相同。

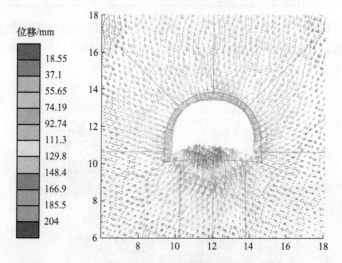

图 3-12　支护条件下巷道围岩开挖卸荷变形过程中位移场演化特征（单位：m）

支护条件下巷道开挖后应力渐进释放卸荷过程中表面关键点的位移曲线如图 3-13 所示，监测点布置位置与无支护时相同。随着应力渐进释放程度的增加，表面位移依然呈现出台阶式逐渐上升的趋势，并且每个应力释放阶段围岩变形速率越来越大；但是与无支护时相比，同一测点围岩每个阶段的变形速率及增加幅度显著降低，变形速率更加接近，尤其是最后一个应力释放阶段，应力释放完成时围岩整体变形量较小，巷道围岩并未进入大变形失稳阶段，与位移矢量云图反映出的顶板围岩变形趋势阶段一致。巷道底板左侧围岩最大位移量为 125mm，与无支护时相比变形量降低74%；巷道底板中部围岩最大位移量为 167mm，与无支护时相比变形量降低46%；巷道底板右侧围岩最大位移量为93mm，与无支护时相比变形量降低35%；巷道顶板右侧拱肩部位围岩最大变形量为75mm，与无支护时相比变形量降低76%；巷道顶板中部最大变形量为93mm，与无支护时相比变形量降低66%；巷道顶板左侧拱肩部位围岩最大变形量为72mm，与无支护时相比变形量降低66%；巷道左帮中部围岩最大变形量为89mm，与无支护时相比变形量降低50%；巷道右帮中部围岩最大变形量为89mm，与无支护时相比变形量降低63%。可以看出"恒阻大变形锚索+托盘+W型钢带"联合支护系统极大地降低了巷道底板左侧和中部、顶板右侧和中部、右帮等的大变形失稳严重部位的变形程度，对巷道其他部位的大变形程度也有显著降低，巷道围岩顶板和两帮变形呈现出近似对称小变形特征，巷道底板变形呈现出非对称小变形特征，与位移矢量云图反映出的巷道围岩变形特征一致。

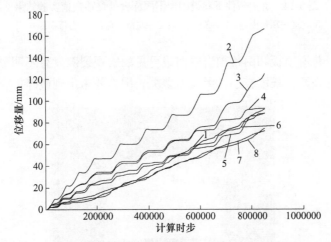

图3-13　巷道围岩开挖卸荷变形过程中关键点位移场演化特征

1—顶板中部；2—底板中部；3—底板左侧；4—顶板右侧；
5—左帮中部；6—右帮中部；7—左拱肩；8—右拱肩

在巷道顶板中部、底板中部、两帮中部布置与无支护时相同的测线，监测结果如图3-14所示，从图中可以看出，底板不同深度处位移量的波动程度最剧烈，波动范围最大，但与无支护时相比波动程度和波动范围显著降低；巷道顶板和两帮不同深度处位移量的波动被支护系统消除，巷道顶板不同深度处整体下沉位移量显著减小。巷道底板、顶板和两帮围岩并未出现破碎扩容变形，巷道围岩整体进入了对称小变形稳定状态。

3.5.2.2　支护下条件下缓倾斜节理岩体煤巷开挖卸荷裂纹（裂隙）扩展规律

支护条件下巷道围岩应力释放完成时宏观裂隙分布形态如图3-15所示。与

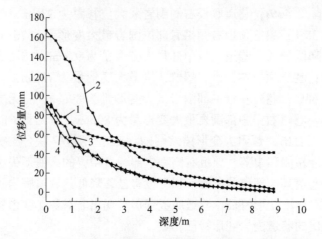

图 3-14 支护条件下巷道围岩不同深度处位移数值实验结果
1—顶板中部；2—底板中部；3—左帮中部；4—右帮中部

无支护相比，巷道顶板和两帮围岩中肉眼可见的宏观裂隙发育不明显，底板宏观裂隙基本没有张开，长度较小，无贯通裂隙，围岩并未出现破碎扩容变形。

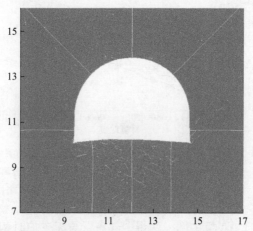

图 3-15 巷道围岩开挖卸荷变形失稳形态数值实验结果（单位：m）

支护条件下巷道围岩微观裂纹发育扩展过程如图 3-16 所示，图中深灰色线条代表剪切裂纹，浅灰色线条代表张拉裂纹，巷道两侧底脚首先出现沿接触面发育的剪切裂纹，之后巷道顶板中部附近出现剪切裂纹，剪切裂纹从巷道两侧底脚和巷道中部向巷道浅部围岩其他部位发育扩展。从应力释放卸荷阶段 9 开始剪切裂纹分布范围和密度开始扩展增加，但是与无支护相比增加速率显著降低，应力释放完成时顶板和两帮只分布少量剪切裂隙，剪切裂隙在巷道底板发育扩展，与无支护时相比分布范围和密度显著减小；在应力释放阶段 9 时张拉裂纹开始出现

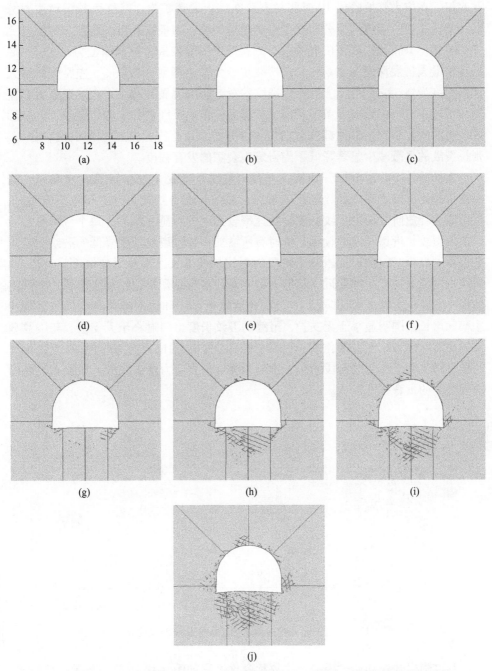

图 3-16 支护条件下巷道围岩开挖卸荷变形过程中剪切（张拉）裂纹发育情况（单位：m）

(a) 卸荷阶段 1；(b) 卸荷阶段 2；(c) 卸荷阶段 3；(d) 卸荷阶段 4；(e) 卸荷阶段 5；

(f) 卸荷阶段 6；(g) 卸荷阶段 7；(h) 卸荷阶段 8；(i) 卸荷阶段 9；(j) 卸荷阶段 10

在底板，在应力释放阶段 10 时张拉裂纹在底板发育扩展，最终张拉裂纹主要分布在巷道底板，巷道两帮分布极少量的张拉裂纹，顶板没有出现张拉裂纹，与无支护时相比分布范围和密度显著减小。巷道顶板裂纹最大扩展深度为 0.75m，底板裂纹最大扩展深度为 2.69m，右帮裂纹最大扩展深度为 1.06m，左帮裂纹最大扩展深度为 0.58m，与无支护相比裂纹发育扩展深度显著减小。在巷道底板靠左侧和顶板靠右侧，形成多条沿贯通长节理面分布的长度较长的剪切裂纹，并未形成较长的张拉裂纹，其他部位剪切裂纹和张拉裂纹形态沿随机节理面发育分布。张拉裂纹的显著减少显著降低了围岩宏观裂隙的发育程度。

　　支护条件下巷道围岩开挖卸荷过程中裂纹长度变化过程如图 3-17 所示，与无支护相比，随着应力释放程度的增加，裂纹长度台阶式上升的现象不再明显，每个应力释放阶段初期裂纹长度增长速率较无支护时显著降低，每个应力释放阶段中期裂纹长度增长速率较无支护时有所增加，导致裂纹长度降低的裂纹闭合现象不再明显，同一测点围岩每个阶段的裂纹长度增长速率及增加幅度显著降低，裂纹长度增长速率更加接近。从应力释放卸荷阶段 9 开始裂纹长度增长速率开始加快，并且应力释放卸荷阶段 10 裂纹长度增长程度和速率越来越快，但是增长速率和增长范围明显小于无支护，最终的裂纹长度也明显小于无支护，与裂纹分布云图显示的裂纹发育演化规律一致。与无支护时相比，应力阶段 10 裂纹长度明显下降又趋于稳定的阶段消失，推测为巷道围岩应力释放完成阶段没有显著的宏观裂隙的发育张开造成。

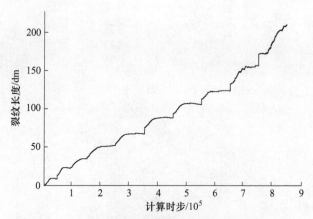

图 3-17　巷道围岩开挖卸荷变形过程中裂纹长度变化情况

　　巷道围岩开挖卸荷过程中裂纹数量变化过程如图 3-18 所示，与无支护相比，随着应力释放程度的增加，裂纹数量台阶式上升的现象不再明显，每个应力释放阶段初期裂纹数量增长速率较无支护时显著降低，每个应力释放阶段中期和后期裂纹数量增长速率较无支护时有所增加，同一测点围岩每个阶段的裂纹数量增长速率及增加幅度显著降低，裂纹数量增长速率更加接近。从应力释放卸荷阶段 9 开始裂纹数量增长速率开始加快，并且应力释放卸荷阶段 10 裂纹数量增长程度和速率越来越快，但是增长速率和增长范围明显小于无支护，最终的裂纹数量也明显小于无支护，与裂纹分布云图显示的裂纹发育演化规律一致。

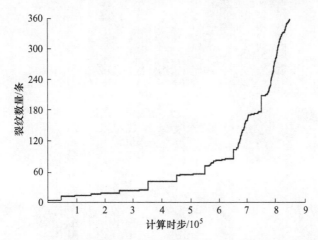

图 3-18　巷道围岩开挖卸荷变形过程中裂纹数量变化情况

3.5.2.3　支护条件下缓倾斜节理岩体煤巷开挖卸荷应力演化规律

支护条件下巷道围岩开挖卸荷过程中最大主应力演化过程如图 3-19 所示，在应力释放阶段 1，巷道两侧底脚首先出现应力集中，巷道两侧帮脚应力集中时间持续较长，集中程度较高；随应力释放程度的增加在应力释放阶段 3，巷道顶板出现应力集中，巷道两侧底脚和顶板的应力集中程度不断增加，应力集中范围不断增加扩大，并向深部围岩扩展转移，应力集中时间持续较长，巷道顶板应力集中达到一定程度后开始出现小范围局部应力降低卸压区，巷道两帮在应力释放阶段 2 开始出现应力降低卸压区，卸压范围较小，卸压程度较低；巷道底板在应力释放阶段 5 开始出现应力降低卸压区，并不断向底板两侧和底板深处扩展，应力释放卸压程度越来越高。巷道顶板和底脚的应力集中区域向两帮、底板和围岩深处扩展转移，巷道底板的应力释放程度最高、范围最大，巷道顶板和两帮应力释放程度较低，范围较小。与无支护相比，巷道围岩的应力集中程度和范围明显降低，巷道围岩的应力降低卸压程度和范围明显降低，因此由最大主应力引发的围岩剪切裂隙的发育、扩展和贯通程度明显降低。

选取与无支护条件下相同的监测点进行巷道围岩开挖卸荷过程主应力监测，巷道围岩开挖卸荷过程关键点主应力演化过程监测结果如图 3-20 所示。距巷道底板表面 0m、1.5m、3m、5m 处监测点在巷道围岩开挖卸荷应力释放过程中始

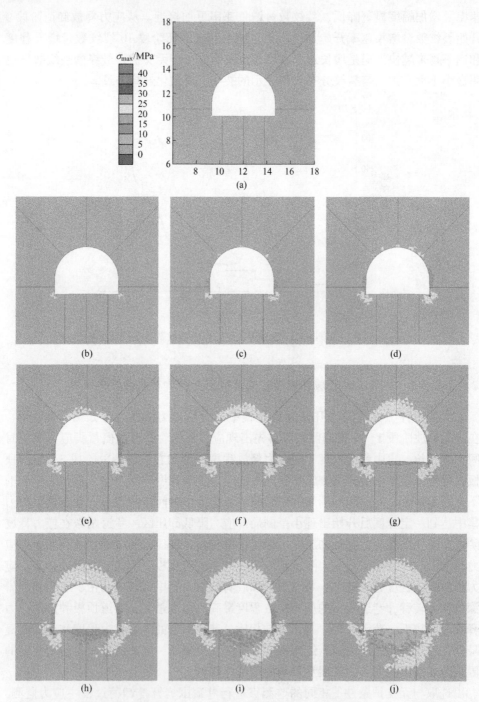

图 3-19　支护条件下巷道围岩开挖卸荷变形过程中最大主应力演化特征（单位：m）

(a) 卸荷阶段 1；(b) 卸荷阶段 2；(c) 卸荷阶段 3；(d) 卸荷阶段 4；(e) 卸荷阶段 5；

(f) 卸荷阶段 6；(g) 卸荷阶段 7；(h) 卸荷阶段 8；(i) 卸荷阶段 9；(j) 卸荷阶段 10

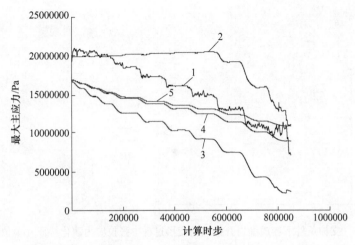

图 3-20 支护条件下巷道围岩开挖卸荷变形过程中关键点最大主应力演化特征
1—0m；2—0.5m；3—1.5m；4—3m；5—5m

终保持应力降低卸压状态，在应力释放阶段 9 时应力降低卸压速率开始显著增加。可以看出四个测点在各个阶段及整体的应力释放速率和程度随距底板围岩表面深度增大呈现出递减趋势，0m 处应力监测点的应力释放率为 62.9%，1.5m 处应力监测点的应力释放率为 85.5%，3m 处应力监测点的应力释放率为 47.2%，5m 处应力监测点的应力释放率为 35.2%。测点应力释放率随深度增加依次递减，与无支护相比，应力降低卸压形态呈现出台阶式下降的现象不再明显，每个测点各个应力降低阶段及整体的卸压速率与卸压程度较无支护时显著降低；距巷道底板 0.5m 处测点最大主应力在阶段 1~6 随着应力释放逐渐增大并轻微集中，在8~10 阶段最大主应力迅速卸压降低，应力集中程度与卸压程度与无支护时相比明显降低，最终的应力释放率为 44.9%。

巷道围岩开挖卸荷过程中张拉应力演化过程如图 3-21 所示，在应力释放阶段 9 时张拉应力开始出现，在应力释放阶段 10 时张拉应力主要在底板演化扩展，在底板围岩形成小范围的张拉应力区域。巷道底板张拉应力作用程度最高、范围最大，巷道顶底板和两帮无明显张拉应力作用。与无支护相比张拉应力作用程度和范围显著减小，相应地显著降低了巷道围岩中张拉裂纹的产生、扩展和贯通程度。

3.5.2.4 恒阻锚索轴力及轴向应变演化规律分析

支护条件下巷道围岩开挖卸荷过程中恒阻锚索轴向受力演化过程如图 3-22 所示，在应力释放卸荷阶段 1~2，底板中部恒阻锚索轴向受力增长速率最快，其次是巷道左右两帮，巷道右帮锚索轴向受力增长速率略大于巷道左帮，巷道底板

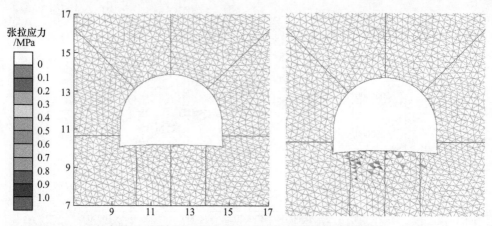

图 3-21 支护条件下巷道围岩开挖卸荷变形过程中张拉应力演化特征（单位：m）

两侧恒阻锚索轴向受力增长速率略微小于巷道两帮，巷道底板右侧恒阻锚索轴向受力增长速率略微大于巷道左侧，巷道底板和两帮的恒阻锚索在应力释放卸荷阶段 3 达到极限抗拉承载力 582kN。巷道底板和两帮锚索轴向受力增长速率明显大于巷道顶板，在应力释放卸荷阶段 1~4，巷道顶板右侧恒阻锚索轴向受力增长速率最快，其次是顶板左侧，顶板中部恒阻锚索轴向受力增长速率最慢；在应力释放卸荷阶段 5~6，巷道顶板中部恒阻锚索轴向受力增长速率最快，其次是顶板左侧，顶板右侧恒阻锚索轴向受力增长速率最慢。巷道顶板恒阻锚索在应力释放卸荷阶段 6 达到极限抗拉承载力 582kN。

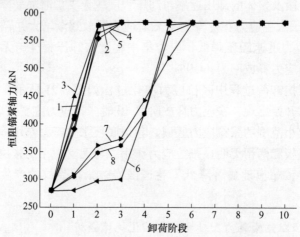

图 3-22 支护条件下巷道围岩开挖卸荷过程中恒阻锚索轴向受力演化过程

1—右帮；2—左帮；3—底板中部；4—底板右侧；5—底板左侧；
6—顶板中部；7—顶板右侧；8—顶板左侧

支护条件下巷道围岩开挖卸荷过程中恒阻锚索轴向应变演化过程如图 3-23 所示，恒阻锚索轴向应变的大小和变化规律在一定程度上可以反映恒阻锚索轴向延伸率的大小和变化规律。在应力释放卸荷阶段 1~7，底板中部和左侧恒阻锚索轴向应变缓慢增长，在应力释放卸荷阶段 8，底板中部和左侧恒阻锚索轴向应变增长加快，在应力释放卸荷阶段 9~10，底板中部、左侧和右侧恒阻锚索轴向应变迅速增大；底板中部恒阻锚索轴向应变增长速率略大于底板左侧恒阻锚索，在应力释放卸荷阶段 9~10，底板中部和左侧恒阻锚索轴向应变增长速率及轴向应变值显著大于底板右侧恒阻锚索。在应力释放卸荷阶段 1~8，巷道两帮恒阻锚索轴向应变缓慢增长，在应力释放卸荷阶段 9~10，巷道两帮恒阻锚索轴向应变迅速增大，巷道右帮轴向应变增长速率及轴向应变值显著大于巷道左帮；在应力释放卸荷阶段 1~5，巷道顶板、右侧和左侧恒阻锚索轴向应变缓慢增长，在应力释放卸荷阶段 6~10，巷道顶板、右侧和左侧恒阻锚索轴向应变增长加快，巷道顶板右侧恒阻锚索轴向应变值最大，巷道顶板中部恒阻锚索次之，巷道顶板左侧恒阻锚索轴向应变值最小。

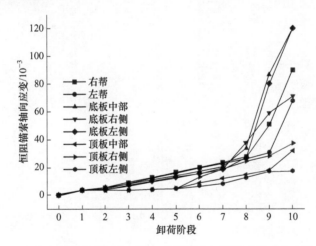

图 3-23　支护条件下巷道围岩开挖卸荷过程中恒阻锚索轴向应变演化过程

通过以上对恒阻锚索轴向受力及轴向应变的分析可以得出，在巷道不同部位应力释放卸荷初期，恒阻锚索轴向受力迅速增加，在巷道不同部位出现应力降低卸压状态之前，恒阻锚索轴力轴向受力达到极限抗拉承载力；在围岩进入应力降低卸压状态，恒阻锚索轴向应变开始迅速增加，并一直保持极限抗拉承载力直到巷道围岩开挖卸荷应力释放完成，无支护时巷道围岩应力降低卸压越严重的部位，恒阻锚索轴向应变越大，这些部位的应力降低卸压程度显著降低。因此恒阻大变形锚索通过自身较大的延伸率，较高的抗拉承载能力，配合 W 型钢带将约束力扩散到围岩表面和内部，有效改善了围岩开挖卸荷过程中的应力状态，显著降低了围岩开挖卸荷应力释放的程度和范围，围岩卸压区程度和卸压范围随之减小，张拉应力产生程度和范围也显著减小，由最大主应力和张拉应力的剪切裂纹和张拉裂纹发育程度和范围随之减小，进而显著抑制了巷道围岩中肉眼可见的宏观裂隙的发育扩展，使巷道围岩由非对称破碎扩容大变形状态进入对称小变形状态。因此，"恒阻大变形锚索+托盘+W 型钢带"联合支护系统是维持巷道围岩稳定性有效可靠的支护手段。

4 缓倾斜节理岩体煤巷稳定性控制物理模型技术

4.1 物理模型系统

采用 YDM-C 型深部巷道变形失稳过程物理模型实验系统[29]进行缓倾斜节理岩体巷道围岩稳定性控制物理模型实验研究。加载装置如图 4-1（a）所示，有48 个均能够单独控制的液压压头，长 331cm、宽度 97cm、高 301cm；内部空间长 160cm、高 160cm、厚 40cm；边界最大加载量级为 5.0MPa，加载误差值<1%；可以开挖的最大巷道尺寸为 60cm。

液压控制系统如图 4-1（b）所示，共有 8 组控制旋钮，可按操控指令完成物理模型加卸载，液压油泵工作电压为 380V，工作功率为 2.2kW。

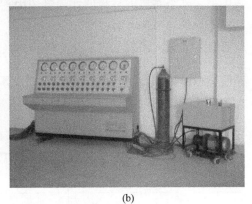

(a)   (b)

图 4-1　实验加载系统构成[50]

（a）主机结构；（b）液压控制系统

4.2 物理模型相似理论

4.2.1 相似理论

物理模型的几何形状、构建物理模型材料的物理力学参数必须满足基本的相似理论，这样才能保证物理模型的力学行为和变形破坏失稳模式与工程背景原型一致，进而准确模拟工程问题并进行对比分析。相似理论要求构成物理模型材料的强度、容重、模型尺寸需要满足以下相似条件[83]：

$$\frac{C_\sigma}{C_\rho C_L} = 1 \tag{4-1}$$

式中，C_L 为几何相似系数；C_σ 为强度相似系数；C_ρ 为容重相似系数，可由式 (4-2) 分别计算[84]：

$$C_L = \frac{L_p}{L_m}, \ C_\sigma = \frac{\sigma_P}{\sigma_m}, \ C_\rho = \frac{\rho_p}{\rho_m} \tag{4-2}$$

式中，L_p 为工程背景原始尺寸；L_m 为搭建的物理模型尺寸；σ_p 为工程背景原型岩体强度；σ_m 为岩体相似材料强度；ρ_p 为工程背景原型岩体容重；ρ_m 为岩体相似材料容重。

4.2.2　物理模型实验相似比的确定

清水矿南二 05 工作面实际尺寸为宽 5.4m，墙高 1.2m，拱高 2.7m，根据巷道围岩岩性分布范围与模型加载系统内部空间尺寸确定几何相似系数为 $C_l = 15$，则模型内部巷道尺寸为墙高 80mm，拱高 180mm，巷宽 360mm。根据物理模型加载系统边界最大加载量与工程背景岩体强度参数确定应力相似系数为 $C_\sigma = 8$。则密度相似系数 $C_\rho = \dfrac{C_\sigma}{C_L} = \dfrac{8}{15} = 0.53$。计算得到物理模型相似材料的理论物理力学参数见表 4-1。

表 4-1　物理模型体相似材料理论物理力学参数

岩性	容重 /kN·m⁻³	弹性模量 /GPa	抗压强度 /MPa	抗拉强度 /MPa	泊松比	黏结力 /MPa	内摩擦角 /(°)
煤	8.48	0.38	1.23	0.12	0.210	0.14	23
泥岩	13.41	0.8	2.58	0.24	0.149	0.28	27
凝灰岩	13.57	1.13	3.65	0.35	0.135	0.41	32

4.3　岩体相似模拟材料

石膏材料作为物理试验中常用的一种岩体相似材料经常被用来进行节理岩体的室内试验研究。与天然岩石相比，由于石膏材料颗粒更加精细、均匀[85]，可提高物理模型均质、各向同性的特性，适合模拟巷道围岩加载条件下裂隙产生、扩展和贯通失稳的过程。本书模拟岩体为煤岩、泥岩及凝灰岩，采用不同比例的石膏粉与水组成的相似材料模拟三种不同强度的工程岩体。

制作多组不同配比的水膏比试件，如图4-2所示，分别进行单轴、直剪实验和劈裂实验，如图4-3所示，得到不同配比下的泊松比、黏聚力、内摩擦角和抗拉强度、抗压强度、弹性模量，获得可以模拟三种工程岩体的物理模型实验材料物理力学最优参数，见表4-2。本实验得到的模拟三种岩体材料的物理力学参数满足实验误差的要求，最终确定模拟凝灰岩的相似材料的水膏配比为 1 : 1，模拟泥岩的相似材料的水膏配比为 1.2 : 1，模拟煤岩的相似材料的水膏配比为 1.4 : 1。

图 4-2 岩体相似材料试件制作过程

（a）装模；（b）脱模；（c）成型；（d）相似材料试件；（e）三种相似材料岩体试件

图 4-3 不同配比岩体相似材料强度力学实验

(a) 相似材料力学性质实验设备；(b) 数据采集设备；(c) 凝灰岩实验前形态；(d) 煤沿实验前形态；
(e) 泥岩实验前形态；(f) 凝灰岩实验后形态；(g) 煤沿实验后形态；(h) 泥岩实验后形态

表4-2　实际制作物理模型岩体相似材料的最优物理力学参数

岩性	容重 /kN·m⁻³	弹性模量 /GPa	抗压强度 /MPa	抗拉强度 /MPa	泊松比	黏结力 /MPa	内摩擦角 /(°)
煤	8.56	0.37	1.28	0.11	0.200	0.14	24
泥岩	12.74	0.77	2.61	0.25	0.155	0.29	26
凝灰岩	13.30	1.16	3.47	0.34	0.136	0.42	31

4.4　物理有限单元板的制作

物理有限单元板可以很好地模拟节理岩体中的层理和节理等构造面[20]。根据相似材料力学性质实验确定的三种岩体相似材料力学参数配置了三种不同配比的单元板，有限单元板尺寸与配比见表4-3，有限单元板制作流程如图4-4所示。

表4-3　物理有限单元板规格参数

相似岩体	单元板尺寸/cm×cm×cm	水膏配比
凝灰岩	40×40×2	1∶1
泥岩	40×40×2	1.2∶1
煤岩	40×40×2	1.4∶1

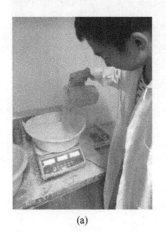  

　　　　(a)　　　　　　　　　　　(b)　　　　　　　　　　　(c)

图 4-4　物理有限单元板制作工序

（a）加料称重；（b）石膏粉称重；（c）水称重；（d）加水；（e）加石膏粉；（f）拌料；（g）模具刷硅油；
（h）石膏浆装模；（i）石膏浆刮平；（j）单元板成型；（k）脱离模具；（l）晾干

4.5 物理模型恒阻锚索设计

物理模型实验选取的锚索钢绞线研究对象结构为 1×19 股结构，长度为 7000mm，公称直径为 21.8mm，拉断载荷为 582kN，延伸率为 7%；其中 85% 的延伸量发生在钢绞线塑形屈服阶段，但巷道支护设计只允许将弹性阶段变形量作为钢绞线可延伸量，钢绞线弹性变形阶段延伸率为 1.05%[69]。因此实验采用的锚索索体材料从力学相似与几何相似考虑确定[3]，力学相似主要是指材料的拉断荷载要符合力学相似比确定的锚索材料拉断载荷相似；几何相似是指材料的延伸率要与几何相似比确定的锚索材料弹性阶段延伸率相似，并且锚索的长度和直径要与几何相似比确定的锚索材料长度和直径相似。支护锚杆的几何相似比与物理模型的几何相似比相同，为 $C_L = 15$；力学相似比 $C_F = C_\rho C_L^3 = 0.53 \times 15^3 = 1789$，因此实验锚索的理想长度为 467mm，理想直径为 1.45mm，理想拉断荷载为 325N，理想延伸率为 1.05%。

通过查询《机械手册》中不同金属材料的几何力学性能、破断荷载和延伸率，选择黄铜丝作为模拟恒阻锚索索体的材料。本书在课题组前期研究成果[1]基础上分别对直径为 0.5mm、1mm、1.5mm、2mm 的黄铜丝进行了拉伸试验，如图 4-5 所示，拉伸试验机可施加的最大拉伸荷载为 1000N，最大量程为 200mm，拉伸试验按照 0.015nn/s 的位移速率进行加载。经过试验得到了最优的黄铜丝荷载-位移拉伸曲线，如图 4-6 所示，对应的黄铜丝直径为 1.5mm，其力学性能和几何性能符合实验要求，可以作为模拟恒阻锚索索体的相似材料。

图 4-5 锚索索体相似材料拉伸试验[1]

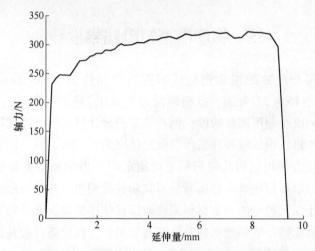

图 4-6　最优索体相似材料轴向荷载-位移曲线

　　物理模型实验采用的恒阻锚索依照矿用恒阻大变形锚索进行设计，恒阻体设计参照作者所在课题组前期研究成果[1]，如图 4-7 所示。恒阻体采用钢拉杆和螺钉组装而成，通过调节螺钉的松紧程度来得到合适的恒阻力；恒阻器套筒采用带有螺纹的聚四氟乙烯材质，螺钉发生滑移的过程中套筒内壁会受到恒定的摩擦约束力，从而实现了大变形恒阻效果；套筒外部与钢外套组装，在恒阻体滑移过程中对套筒起约束保护作用。

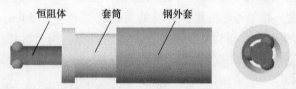

图 4-7　实验用恒阻锚索恒阻装置示意图

　　恒阻锚索套筒长 40mm，内径为 11mm，恒阻体可沿套筒产生 40mm 的滑移变形，托盘采用四方形垫片，边长 40mm，内径 8mm，厚 3mm。本书所设计恒阻装置的恒阻力值取索体破断荷载的 90%[1]，计算得到恒阻力为 293N；预紧力取恒阻力的 60%，计算得到预紧力为 176N，预紧力通过内置于套筒固定在恒阻体钢拉杆上的弹簧施加。物理模型实验所使用的恒阻锚索如图 4-8 所示。

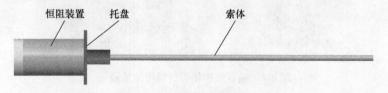

图 4-8　实验恒阻锚索示意图

组装完成的恒阻锚索实物图如图4-9（a）所示，锚索索体长度为467mm，实验过程中采用与锚索组装为一体的高精度拉压传感器对锚索轴力进行实时监测，拉压传感器量程为1000N，精度为0.01N，增益值为100，灵敏度为0.626mV/N，桥压为5V，如图4-9（b）所示。

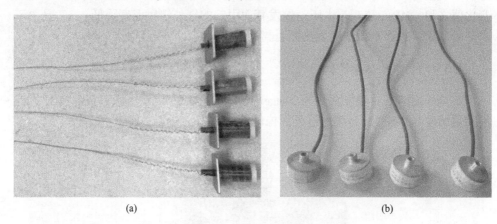

(a)   (b)

图4-9　监测加固锚索组成

（a）小型恒阻锚索；（b）拉压力传感器

4.6　物理模型监测技术

4.6.1　红外热成像监测技术

4.6.1.1　红外热成像技术原理

物理模型体的红外辐射波段可以被探测并通过红外热成像技术转化为温度数据，物理模型体的绝对温度与辐射出射率之间的函数关系服从斯蒂芬-玻耳兹曼定律，是红外热成像技术的理论基础[86]：

$$M = \varepsilon \sigma T^4 \tag{4-3}$$

式中，M 为出射率，W/m^2；ε 为辐射率，介于0到1之间；σ 为常数，数值为 $5.67 \times 10^{-8} J/(m^2 K^4)$；$T$ 是绝对温度。

4.6.1.2　热力耦合原理

引起物理模型体温度变化的热效应受到复合因素的影响，如热弹效应，岩体破裂，岩体摩擦等[29]。物理模型体在变形破坏过程中的红外辐射温度变化 ΔT 可以通过下式进行定性分析[87]：

$$\Delta T = \Delta T_1 + \Delta T_2 + \Delta T_3 \tag{4-4}$$

其中，ΔT_1 可通过下式判定[38]：

$$\Delta T_1 = \gamma \beta^{-1} T \Delta(\sigma_1 + \sigma_2) \tag{4-5}$$

式中，T 为相似材料的物理学温度，K；β 为修正系数常量，MPa·K/V；γ 为电压信号与温度之间的转化因子，K/V；$\Delta(\sigma_1+\sigma_2)$ 为物理模型体三个应力方向的变化值之和，MPa；ΔT_2 是由于裂纹发育而引起的红外辐射温度降低；ΔT_3 是由于岩体沿节理、裂隙错动摩擦生热而引起的温度升高。

4.6.1.3 红外热成像仪

实验采用的热成像仪型号为 Image IR 4325，如图 4-10 所示，该红外相机温度测量精度 0.025℃，采集的红外图像的分辨率为 520×412 像素。

图 4-10 红外相机

4.6.2 二维数字图像相关技术

4.6.2.1 二维数字图像相关技术测量原理

本书采用数字图像相关技术测量物理模型变形破坏过程中关键点的位移和模型全场的位移场演化过程，通过追踪变形前后数字图像照片中所有人工随机散斑像素点的位移并对同一位置的像素点位移变化情况进行匹配比较来得到物理模型的全场位移数据[88,89]，如图 4-11 所示。测量原理为首先在参考数字图像中围绕待测点 $P(x, y)$ 选取像素子区，然后将图像离散为多个散斑像素点组成的虚拟子集，最后将未变形图像的虚拟子集的每个像素点与其在变形后的图像中的位置进行匹配，如图 4-12 所示，衡量同一像素点变形前后匹配度的函数为[90]：

$$S\left(x, \ y, \ u, \ v, \ \frac{\partial u}{\partial x}, \ \frac{\partial u}{\partial y}, \ \frac{\partial v}{\partial x}, \ \frac{\partial v}{\partial y}\right) =$$

$$1 - \frac{\sum \left[F(x, \ y) G(x^*, \ y^*)\right]}{\left[\sum (F(x, \ y))^2 * \sum (G(x^*, \ y^*))^2\right]^{1/2}}$$

$$(4-6)$$

式中，$F(x, \ y)$ 为变形前虚拟子集中任一散斑像素点的灰度值；$G(x^*, \ y^*)$

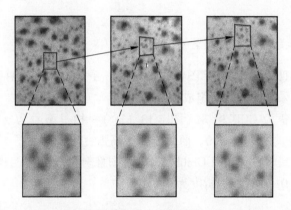

图 4-11　数字图像相关技术测量过程示意图

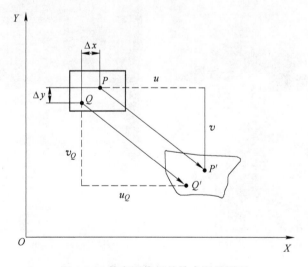

图 4-12　数字图像相关技术测量原理

为变形后虚拟子集中该像素点的灰度值，二者之间由变形前后产生的相对位移相关联，如果 (x^*, y^*) 像素点相对于 (x, y) 像素点的位移平行于参考图像平面，可以得到变形前后同一像素点的坐标相关函数为[90]：

$$x^* = x + u + \frac{\partial u}{\partial x}\Delta x + \frac{\partial u}{\partial y}\Delta y \tag{4-7}$$

$$y^* = y + v + \frac{\partial u}{\partial x}\Delta x + \frac{\partial u}{\partial y}\Delta y \tag{4-8}$$

式中，u 和 v 为变形后像素点坐标相对于变形前该像素点坐标位移矢量在 x 和 y 方向的分量；Δx 和 Δy 为变形前像素点坐标在 x 和 y 方向相对于坐标参考点的距离。

4.6.2.2　二维数字图像测量系统

本书采用 MTI-2D 二维数字图像测量系统，系统主要由照明设备、图像采集设备、数字图像采集处理软件组成。

图像采集设备为 CCD 相机（图 4-13（a）），相机型号为 AVT_Stingray_F-201；相机分辨率为 1600×1200。照明光源为高强度卤素灯（图 4-13（b））。

数字图像采集软件为 MTI-Grabber，数字图像分析软件为 MTI-2D，图像分析软件分辨率为 0.01 像素，解析度为 0.1μm。

(a)　　　　　　　　　　　　　　　(b)

图 4-13　数字图像采集硬件

(a) CCD 相机；(b) 照明光源

4.6.2.3 二维数字图像相关技术测量流程

测量流程主要包括物理模型表面随机散斑点的制备、实验加载卸荷过程中数字图像的采集、数字图像位移数据的分析。随机散斑点是物理模型表面灰度特征的承载体，记录物理模型表面的变形信息，因此本次物理模型实验采用在白色物理模型表面喷涂绘制黑色亚光漆斑的方法来形成随机散斑点，散斑尺寸为 3~4 个像素。

4.6.3 静态应力应变数据采集技术

本次物理模型实验采用 60 通道的静态应变采集仪进行物理模巷道围岩关键点应变片数据的采集和锚索轴力数据的采集，该设备可采集的应变范围为 ± 20000με[78]，可在线实时采集物理模型加载卸荷过程中关键点压应变和拉应变的动态变化情况以及锚索轴力数值，应变片数据采集采用 1/4 桥路，连接形式无补偿，静态应变仪设备及接线方式如图 4-14 所示。

图 4-14　应变数据采集设备

在 20° 倾角岩层物理模型实验中，采用 20° 直角应变花进行应变数据采集，型号为 BA120-3BA 型应变片，应变片敏感栅长为 3mm，宽为 2mm，基底长为 12.5mm，宽为 12.mm，电阻值为（119.8±0.2）Ω，灵敏系数为 2.10±1%，弹性模量 206GPa，泊松比为 0.28，基底为胶基。首先在单元板侧面挖平整的应变片和导线固定槽，然后清灰，接着在凹槽处涂抹 AB 胶并粘贴应变片，保证应变片方向对齐，粘贴牢固，风干后在导线槽内用硅胶固定应变片连接导线并晾干，最后在搭建模型过程中按照应变片设计布设位置，铺设装有应变片的物理有限单元板，应变片粘贴过程如图 4-15 所示。

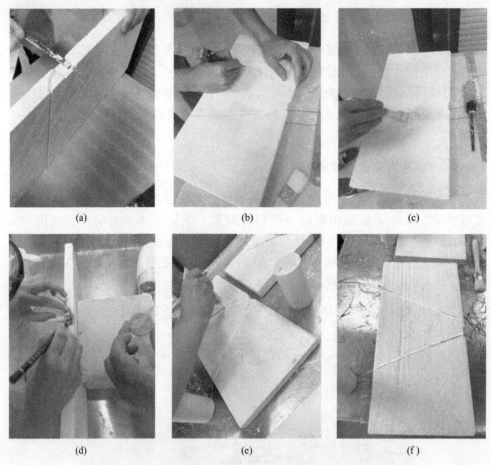

图 4-15   应变片粘贴过程

（a）挖应变片槽；（b）挖导线槽；（c）清灰；（d）固定应变片；（e）固定导线；（f）晾干

5　缓倾斜节理岩体煤巷
围岩稳定性控制物理模型

5.1　物理模型实验过程

为了对缓倾斜节理巷道围岩加载卸荷稳定性控制开展研究，选取清水煤矿南二 05 工作面运输顺槽作为工程背景，开展了锚索支护条件下缓倾斜巷道变形特征及锚索受力变化规律的物理模型实验。

物理模型共有 3 层岩层，其中 1 层煤岩，1 层泥岩，1 层凝灰岩。搭建的物理模型体长为 160cm，宽为 160cm，高为 40cm；巷道位于模型正中，尺寸为 36cm×26cm；按应力相似比计算，模型所处应力环境的水平应力为 2.2MPa，垂直应力为 1.8MPa。岩层组成与清水矿巷道围岩模拟区一致，岩层倾角均为 20°即缓倾斜岩层，如图 5-1 所示，共布置两排锚索，每排 8 根，分别位于顶板两帮中

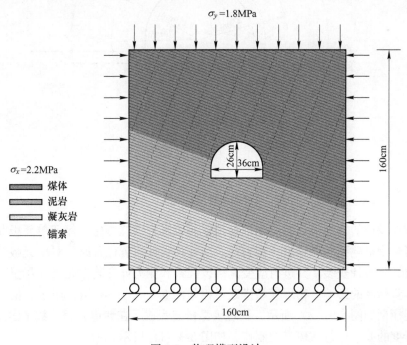

图 5-1　物理模型设计

部、底板左侧、中部和右侧，底板锚索间距为127mm，距两帮63mm，前排为恒阻锚索，后排为普通锚索，二者间距为200mm，前排恒阻锚索距离物理模型表面100mm。为了对恒阻锚索恒阻锚索与普通锚索支护性能开展对比研究，恒阻锚索与普通锚索采用相同力学性能和几何尺寸的相似模拟材料，通过螺钉的外露长度控制使得恒阻锚索可以产生滑移大变形；普通锚索不能产生滑移变形，只能依靠索体自身产生伸长变形。在距物理模型表面200mm的模型内部断面内布置了31个应变片，来获取物理模型巷道围岩在加载卸荷变形破坏过程中关键点拉、压应变数据，应变片布置位置如图5-2所示，应变花两个方向分别为沿20°倾角方向和垂直于20°倾角方向，应变片沿锚索所在位置布置，巷道表面到围岩深处布置数量由密到疏。

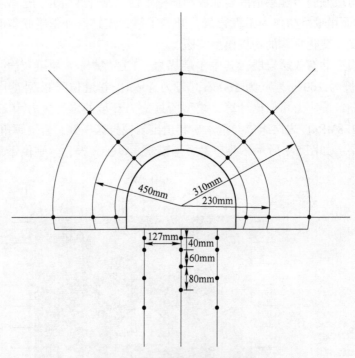

图 5-2 物理模型应变片布置图

依据设计的物理模型使用物理有限单元板进行错缝搭建，保证单元板紧密贴合；当模型搭建到巷道锚索、测力计及应变片设计布置位置时，对单元板钻孔进行锚、测力计安装，并进行应变片铺设锚索和测力计安装钻孔尺寸尽量小以减小对实验精度的影响。物理模型搭建过程如图5-3（a）~（d）所示；搭建完成的物理模型如图5-3（e）所示，物理模型搭建完成后在巷道表面按数字图像监测技术精度的要求进行散斑点的制作，如图5-3（f）所示。

图 5-3 缓倾斜节理岩体煤巷物理模型体构建

(a) 模型搭建；(b) 应变片布设；(c) 测力计预埋；(d) 锚索预埋；

(e) 缓倾斜节理岩层煤巷模型；(f) 散斑点制作完成

物理模型搭建完成后，进行实验监测数据采集的准备工作，如图 5-4 所示，包括应变片导线与静态应变采集仪的连接，锚索测力计传感器导线与静态应力采集仪的接出，静态应力应变仪数据采集软件的调试，散斑监测照明光源、相机与数字图像采集软件调试。监测设备布置到位的物理模型如图 5-5 所示。

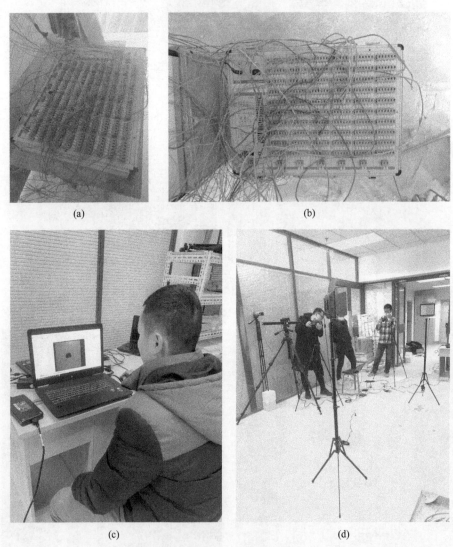

(a)   (b)

(c)   (d)

图 5-4 物理模型实验数据采集准备工作

(a) 应变数据采集；(b) 锚索测力计数据采集；(c) 散斑数据采集；(d) 监测设备安装调试

根据物理模型实验加载力学路径（图 5-6），保持水平应力增量 110kPa，垂直应力增量 90kPa，逐级进行物理模型的边界加载卸荷（图 5-7），每个加载阶段

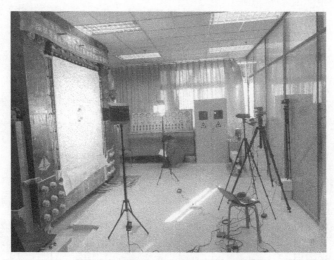

图 5-5 物理模型实验准备工作完成

模型变形稳定没有异响、水平应力和垂直应力完全释放后进行下一阶段加载，直至模型发生大变形失稳破坏；同时实时采集数字图像、应变、锚索轴力数据。

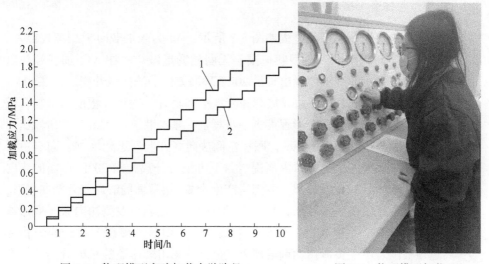

图 5-6 物理模型实验加载力学路径
1—σ_h；2—σ_v

图 5-7 物理模型加载

5.2 物理模型实验结果

物理模型实验加载时刻表见表 5-1，实验 12：00 开始，19：12 结束。在第 28 个加载阶段物理模型发生大变形失稳破坏。

表 5-1　物理模型加载卸荷过程

时刻	加载阶段	荷载/MPa		时刻	加载阶段	荷载/MPa		时刻	加载阶段	荷载/MPa	
		σ_x	σ_y			σ_x	σ_y			σ_x	σ_y
12：00	A0	0	0	14：30	A10	1.10	0.90	17：00	A20	2.20	1.80
12：15	A1	0.11	0.09	14：45	A11	1.21	0.99	17：15	A21	2.31	1.89
12：30	A2	0.22	0.18	15：00	A12	1.32	1.08	17：30	A22	2.42	1.98
12：45	A3	0.33	0.27	15：15	A13	1.43	1.17	17：45	A23	2.53	2.07
13：00	A4	0.44	0.36	15：30	A14	1.54	1.26	18：00	A24	2.64	2.16
13：15	A5	0.55	0.45	15：45	A15	1.65	1.35	18：15	A25	2.75	2.25
13：30	A6	0.66	0.54	16：00	A16	1.76	1.44	18：30	A26	2.86	2.34
13：45	A7	0.77	0.63	16：15	A17	1.87	1.53	18：45	A27	2.97	2.43
14：00	A8	0.88	0.72	16：30	A18	1.98	1.62	19：00	A28	3.08	2.52
14：15	A9	0.99	0.81	16：45	A19	2.09	1.71				

5.2.1　模型整体变形破坏过程

　　物理模型失稳破坏前变形过程如图 5-8 所示，A0 为未加载时模型捕捉照片，在 A1～A10 加载卸荷阶段，模型巷道围岩无明显变形破坏；在 A11 加载卸荷阶段，模型巷道底板左侧底脚位置出现沿 20°节理面方向的法向张开变形；在 A13～A27 加载卸荷阶段，随着模型边界加载卸荷水平和垂直应力释放程度的增加，模型巷道左侧底脚的法向张开变形程度进一步增加；模型巷道在 A28 加载阶段出现失稳破坏，失稳过程如图 5-9 所示，底板左侧法向张开变形迅速增加，向自由面不断鼓出，并且底板左侧上方自由面围岩与下方围岩分离，沿 20°层理面的法向张开变形向底板深处发育，引起下方围岩产生沿 20°层理面的法向张开挠曲变形，并在最大挠度位置发生张拉破断，巷道底板右侧围岩在底板左侧法向张开变形作用下产生诱导裂隙并发生破断，底板围岩最终产生明显的破碎分离扩容失稳变形，巷道顶板围岩出现整体错动剥落现象，但是并未出现明显的破碎分离扩容失稳变形，因此巷道围岩失稳破坏的关键部位为巷道底板，并且底板破坏失稳过程特征与数值模拟实验巷道围岩失稳破坏过程特征吻合较好。

5.2.2　模型全场垂直位移演化过程

　　物理模型失稳破坏前垂直位移场演化过程如图 5-10 所示。由物理模型全场水平位移演化过程可以看出，在 A0 阶段未加载时模型全场水平位移呈现均匀分布特征；在 A1 加载卸荷阶段，在水平应力和竖向应力共同作用下，模型处于压

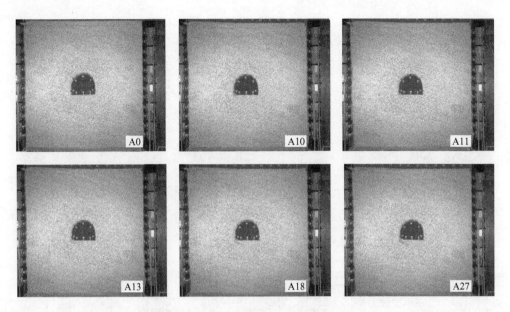

图 5-8 模型失稳破坏前变形演化过程

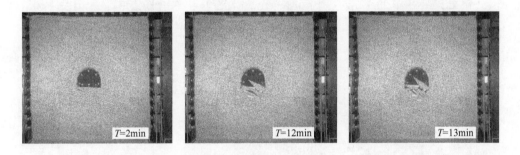

图 5-9 物理模型失稳破坏过程

密阶段，模型出现沿 20°节理面法向分布的垂直位移场并向模型下方不断扩展；在 A2 加载卸荷阶段，模型右上部的法向垂直位移场不断向巷道顶板中部靠右侧靠近；在 A4 加载卸荷阶段，模型右上部法向垂直位移场开始作用于巷道顶板中部靠右侧；在 A5~A6 加载卸荷阶段，随着水平和垂直应力加载卸荷应力释放程度的增加，巷道顶板右拱肩附近围岩垂直位移量不断变大；在 A7 加载卸荷阶段，巷道底板出现轻微的沿 20°节理面指向巷道自由面的法向位移，巷道顶板中部靠右侧垂直位移继续增大；在 A8~A27 加载卸荷阶段，巷道顶板中部靠右侧的垂直位移的变形范围且变形程度进一步增大，巷道底板出现轻微的沿 20°节理面的法向位移范围且变形程度明显增加。巷道围岩垂直位移场呈明显的非对称分布，巷道顶板中部靠右侧和底板左侧围岩变形明显较大。

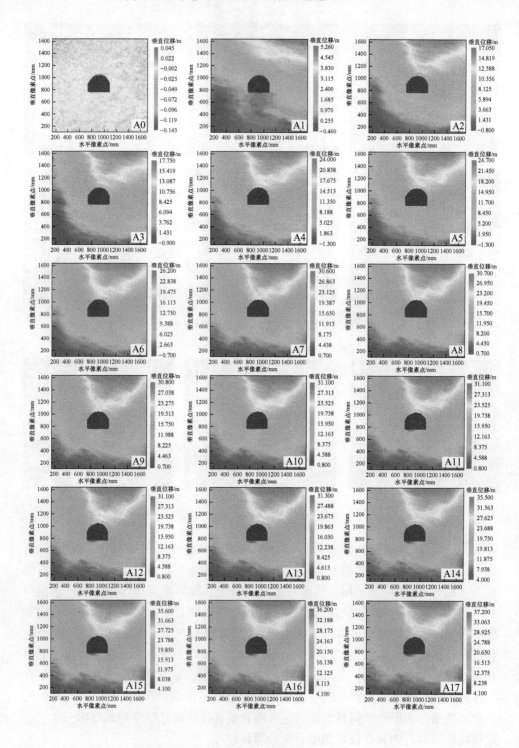

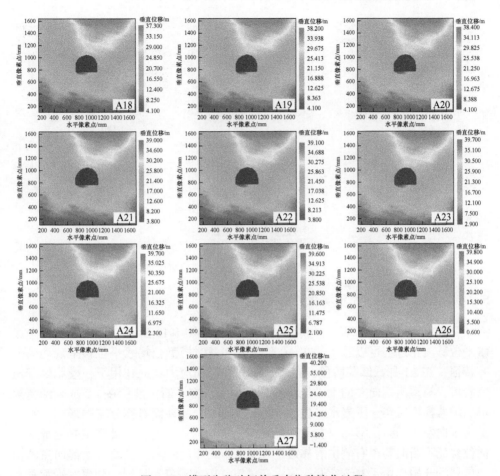

图 5-10　模型失稳破坏前垂直位移演化过程

物理模型失稳破坏阶段垂直位移演化过程如图 5-11 所示，由于底板浅部围岩大变形破坏造成部分散斑点数据的缺失，底板浅部围岩沿 20°层理面的法向位移量迅速增加，底板左侧法向位移最大，向底板中部和底板右侧依次递减，巷道顶板中部靠右部位整体垂直位移也显著增加，底板法向位移演化规律与物理模型失稳破坏过程分析得出的底板围岩破坏过程特征一致，并且与数值模拟实验得出的底板围岩变形规律一致。

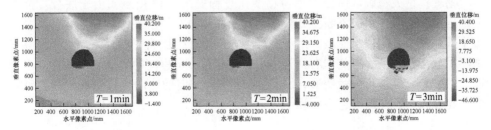

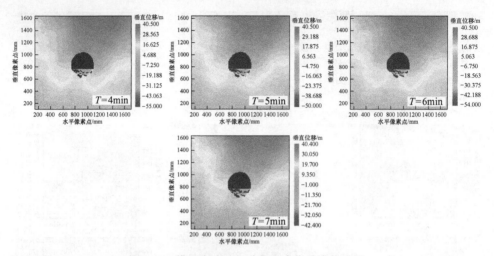

图 5-11 模型失稳破坏阶段垂直位移演化过程

5.2.3 模型全场水平位移演化过程

物理模型失稳破坏前水平位移场演化过程如图 5-12 所示。由物理模型全场水平位移演化过程可以看出，在 A0 阶段未加载时模型全场水平位移呈现均匀分布特征；在 A1 加载卸荷阶段，在水平应力和竖向应力共同作用下，模型处于压密阶段，模型出现向左的水平位移场并向模型下方不断扩展；在 A2 加载卸荷阶段，随着模型压实，围岩水平位移场呈现出沿 20°节理面对称分布的形态，右上部出现向左的切向位移场，左下部出现向右的切向位移场，并且模型右上部的切向位移场不断向巷道右侧拱肩靠近；在 A4 加载卸荷阶段，模型右上部向左的切向位移场开始作用于巷道右侧拱肩；在 A5～A10 加载卸荷阶段，随着水平和垂直应力加载卸荷应力释放程度的增加，围岩模型右上部向左的切向位移场向巷道左帮和左侧底脚扩展，并且巷道顶板右侧和右帮水平位移量不断增大。巷道围岩水平位移场呈明显的非对称分布，巷道顶板中部、右拱肩和右帮围岩变形明显较大；在 A11 加载卸荷阶段，巷道底板出现轻微的沿 20°节理面的切向滑移变形，巷道顶板右侧和右帮向左的水平位移进一步增大；在 A12～A27 加载卸荷阶段，巷道顶板右侧和右帮向左的水平位移的变形范围和变形程度进一步增大，巷道底板出现轻微的沿 20°节理面的切向滑移，变形无明显增加。

物理模型失稳破坏阶段水平位移演化过程如图 5-13 所示，由于底板左侧上方围岩沿法向向自由面不断张开鼓出，底板左侧向右的水平位移最大，并且向底板中部和底板右侧依次递减。由于底板下方围岩产生挠曲变形，因此水平位移增加不明显；巷道顶板右侧和右帮整体水平位移有一定程度的增加，但是并未出现明显的破碎分离扩容失稳变形，因此沿 20°节理方向的法向位移场在模型巷道底板破碎分离扩容变形失稳中占据主导地位。

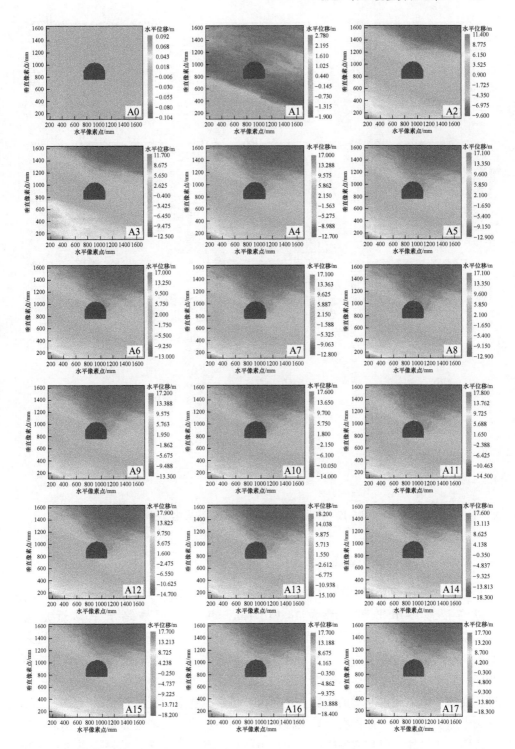

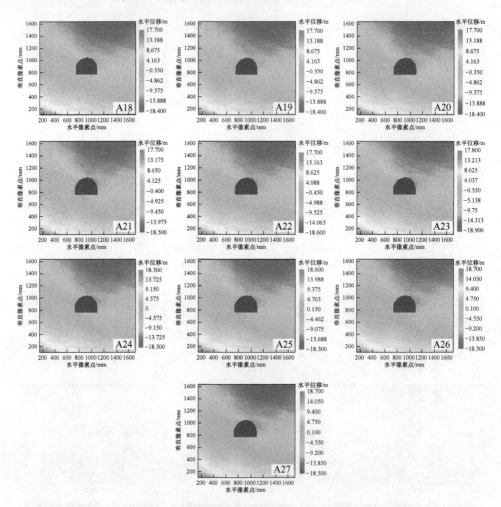

图 5-12　模型失稳破坏前水平位移演化过程

5.2.4　物理模型表面关键点位移变化过程

每个加载阶段及破坏阶段对应的巷道表面关键点位移情况如图 5-14 所示，巷道右帮最终水平移近量为 14.7107mm，巷道左帮最终水平移近量为 4.62427mm，巷道右帮水平移近量明显大于巷道左帮。两帮移近量在巷道围岩失稳阶段有所增加，但是增加幅度不大，从位移曲线可以看出巷道两帮变形为整体变形，并未出现突变位移，产生片帮破坏，因此巷道两帮并未失稳；巷道顶板位移量在前 7 个加载阶段增加明显，之后区域稳定，巷道顶板右侧和顶板中部位移量大于左侧位移量，顶板右侧和顶板位移量相差不大，二者位移量在巷道围岩失稳阶段有所增加，但是增加幅度不大，顶板右侧最终位移量为 31.1827mm，顶板

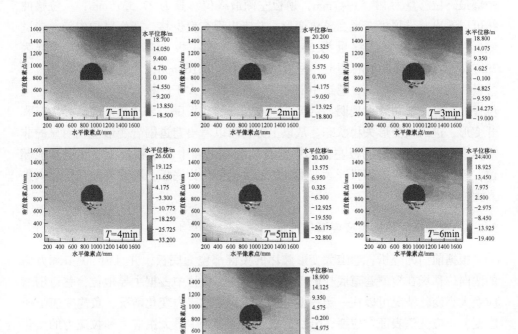

图 5-13　模型失稳破坏阶段水平位移演化过程

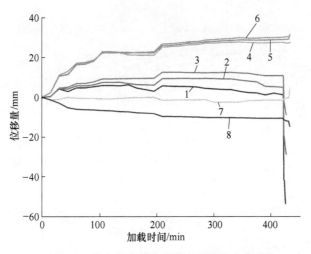

图 5-14　物理模型表面关键点位移变化过程

1—底板左侧；2—底板中部；3—底板右侧；4—顶板左侧；
5—顶板中部；6—顶板右侧；7—左帮中部；8—右帮中部

中部最终位移量为 31.51747mm，顶板左侧最终位移量为 27.5375mm，从位移曲线可以看出巷道顶板变形为整体变形，并未出现突变位移，产生冒顶失稳；巷道底板左侧最终垂直位移量为 53.5728mm，巷道底板中部最终垂直位移量为 28.7267mm，巷道底板右侧最终垂直位移量为 8.83167mm，巷道底板左侧垂直位移量明显大于底板中部，巷道中部垂直位移量明显大于底板右侧，巷道底板不同位置处垂直位移曲线出现明显的突变现象，表明底板围岩出现严重的破碎扩容张开变形，进入大变形失稳状态。从以上分析可以看出巷道围岩变形呈现明显的非对称变形特征，巷道底板左侧和中部及顶板右侧和中部位移量大于巷道其他部位，巷道产生破碎扩容张开大变形失稳的关键部位为底板，巷道其他部位并未进入大变形失稳状态。

5.2.5 物理模型关键点应变演化过程

　　根据前面的分析，巷道大变形破坏的关键部位为底板，并且沿 20° 节理方向的法向位移场在模型巷道底板破碎分离扩容变形失稳中占据主导地位，巷道围岩应变大小变化情况可以在一定程度上反映围岩中的应力变化情况，负应变表征压应变，正应变值表征拉应变，分别反映了巷道围岩中最大主应力和拉应力的变化情况，因此本节对静态应变采集系统收集到的底板关键点的法向应变情况进行深入分析，如图 5-15 所示，随着模型边界加载卸荷程度的增加，巷道底板围岩压应变值越大，表明底板围岩最大主应力集中程度越来越高；之后底板压应变进入

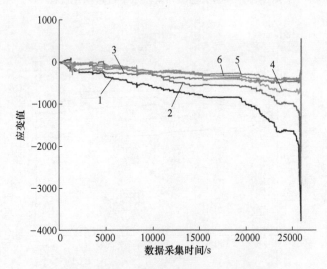

图 5-15　巷道底板关键点应变变化过程

1—底板左侧较浅处；2—底板中部较浅处；3—底板左侧较深处；
4—底板右侧较浅处；5—底板中部较深处；6—底板右侧较深处

平稳阶段，表明底板围岩最大主应力和应力集中程度保持不变；在底板围岩破坏失稳前，底板围岩压应变进入加速增长阶段，表明底板围岩最大主应力和应力集中程度快速上升；在底板围岩破坏失稳阶段，底板围岩压应变产生突变，快速降低，并由负值转为正值，即由压应变转为拉应变，表明巷道底板围岩进入应力降低卸压阶段，应力快速释放，围岩由最大主应力引起的应力集中状态进入卸压状态，并且受到法向张拉应力作用。

在底板围岩破坏失稳前，巷道底板左侧压应变增长速率最快，压应变值最大；其次是底板中部；底板右侧压应变增长速率最小，压应变值最低。表明巷道底板左侧最大主应力集中程度最严重，其次是底板中部，底板右侧应力集中程度最低；并且距巷道底板表面越远，底板右侧压应变增长速率越小，压应变值越低，最大主应力集中程度越低。底板围岩进入破坏失稳状态之后，巷道底板左侧压应变突变降低程度最高；其次是底板中部；底板右侧压应变降低程度最小。表明巷道底板左侧卸压程度最大，其次是底板中部，底板右侧卸压程度最低；并且距巷道底板表面越远，压应变降低程度越小，卸压程度越低。巷道底板左侧拉应变最大，其次是底板中部，底板右侧拉应变最小。表明巷道底板作用于巷道底板左侧的拉应力最大，其次是底板中部，作用于底板右侧的拉应力最小；并且距巷道底板表面越远，作用于底板围岩的拉应力越小。

5.2.6 物理模型关键点温度变化特征分析

各个加载卸荷阶段底板关键点的红外辐射温度变化过程曲线如图 5-16 所示。

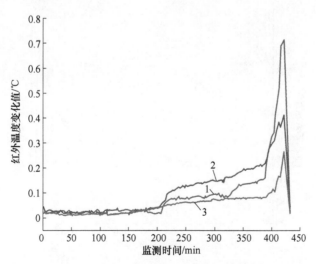

图 5-16 巷道底板关键点红外辐射温度变化过程

1—底板左侧；2—底板中部；3—底板右侧

在底板围岩破坏失稳前，巷道底板围岩关键点红外辐射温度整体呈上升趋势，并且红外辐射温度上升速率越来越快，表明底板围岩破坏失稳前的最大主应力集中引起了红外辐射温度的上升。底板左侧关键点的红外辐射温度上升速率和上升幅度最大，其次是底板中部关键点，底板右侧关键点的红外辐射温度上升速率和上升幅度最小。在底板围岩进入破坏失稳阶段后，巷道底板围岩关键点红外辐射温度整体呈快速下降趋势，表明底板围岩应力快速降低卸压及法向张拉破坏引起了红外辐射温度的迅速下降。

5.2.7 锚索轴力变化规律

选取巷道底板恒阻锚索和普通锚索作为研究对象，进行恒阻锚索和普通锚索在控制围岩非对称大变形失稳方面的支护效果对比研究。利用高精度拉压传感器采集锚索轴力变化数据，并绘制锚索轴力随加载时间变化曲线。

在实验过程中得到底板锚索轴力随加载时间变化曲线如图 5-17、图 5-18 所示。由实验曲线可得到随着加载进行，锚索轴力在模型边界加载卸荷初始阶段持续上升，之后锚索受力保持缓慢上升状态。随着模型边界加载卸荷的继续进行，在底板围岩即将破坏失稳前，锚索轴力监测曲线迅速上升，在底板围岩进入破坏失稳状态之后，普通锚索在其轴力达到极限抗拉力值后迅速下降，说明在巷道变形破坏过程中由于其所受法向拉应力已超过其极限抗拉力，索体延伸量已超过其极限延伸率允许的伸长量，普通锚索发生拉断而失效；而恒阻锚索在围岩进入法向张开大变形状态后保持轴力值在恒阻力附近波动，同时实验设计的索体与恒阻

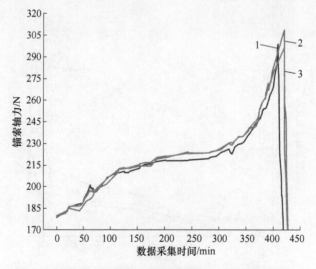

图 5-17 巷道底板普通锚索轴力演化过程

1—底板左侧普通锚索；2—底板中部普通锚索；3—底板右侧普通锚索

器套筒之间产生较大的伸长变形，超过恒阻器的极限滑移量之后索体才发生破断，并且在索体超过恒阻器的极限滑移量之后并未直接破断，而是有一个明显的轴力上升增阻阶段，超过索体的极限抗拉力之后才发生轴力突降失效。由上可以得出，恒阻锚索伸长率明显较普通锚索大，能提持续供恒定的、持续时间较长的、较高的支护阻力，能够承受围岩的大变形，并且可以通过高支护阻力和大伸长率有效抑制围岩大变形失稳。

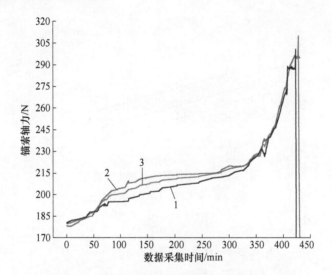

图 5-18 巷道底板恒阻锚索轴力演化过程
1—底板左侧恒阻锚索；2—底板中部恒阻锚索；3—底板右侧恒阻锚索

5.2.8 物理模型底板失稳机理力学分析

通过模型实验巷道失稳破坏过程可以看出，巷道围岩发生的底鼓破坏可以近似为底部有限单元板在水平应力和竖直应力共同作用下发生挠曲直至失稳破坏，有限单元板失稳过程符合薄壳理论。薄壳理论中，将 $1/80 \sim 1/100 <$ 厚度/长度 $<$ $1/5 \sim 1/8$ 的板定义为薄板[91,92]。有限单元板尺寸为 $400\text{cm} \times 400\text{cm} \times 20\text{cm}$ 尺寸满足薄板定义。

薄壳理论的基本假设：有限单元板中面发生变形前和变形后均保持直线，变形后要保持与中面的垂直；变形后中面法线不增长、不减小；中面各点不发生平行于中面的位移[91,92]。

根据薄壳理论，选取物理模型巷道底板有限单元板作为研究对象，有限单元板长度为 y_1，宽度为 x_1，厚度为 t，考虑竖向重力为 q，y 边受力为 λq，λ 为侧压力系数，单元板倾角为 β。力学模型见图 5-19。

根据建立的物理有限单元板力学模型，水平荷载和重力作用下单元板的屈曲

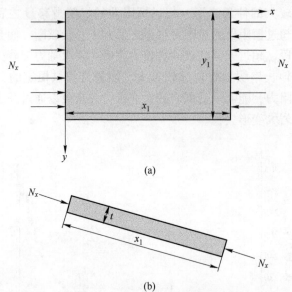

图 5-19　物理有限单元板力学模型

（a）俯视图；（b）正视图

控制方程[91~93]为：

$$K\nabla^4 w + (0.5qx_1\sin\beta + \lambda q)\frac{\partial^2 w}{\partial x^2} = 0 \tag{5-1}$$

式中，K 为单元板的弯曲刚度，且 $K = Et^3/12(1 - \gamma^2)$；$\nabla^4 w = \left(\dfrac{\partial^2}{\partial x^2} + \dfrac{\partial^2}{\partial y^2}\right)\left(\dfrac{\partial^2 w}{\partial x^2} + \dfrac{\partial^2 w}{\partial y^2}\right)$；$E$ 为弹性模量，MPa；w 为曲面函数；λ 为侧压系数；γ 为泊松比。

单元板的边界设定为四边简支状态，可得：

当 $x=0$，$x=a$ 时，$\dfrac{\partial^2 w}{\partial x^2}=0$；当 $y=0$，$y=b$ 时，$\dfrac{\partial^2 w}{\partial y^2}=0$

相应的曲面函数为：

$$w = \sum\sum c_{nm}\sin\left(\frac{m\pi x}{x_1}\right)\sin\left(\frac{n\pi y}{y_1}\right) \tag{5-2}$$

将式（5-2）代入式（5-1）有：

$$\sum\sum c_{nm}\sin\left(\frac{m\pi x}{x_1}\right)\sin\left(\frac{n\pi y}{y_1}\right)\cdot$$

$$\left\{\left[\left(\frac{m\pi}{x_1}\right)^2 + \left(\frac{n\pi}{y_1}\right)^2\right]^2 - \frac{6qx_1\sin\beta(1-\lambda^2)}{Et^3}\left(\frac{m\pi}{x_1}\right)^2 - \frac{12\lambda q(1-\lambda^2)}{Et^3}\left(\frac{m\pi}{x_1}\right)^2\right\} = 0$$

$$\tag{5-3}$$

所求结果不能为平凡解，因此

$$\left\{\left[\left(\frac{m\pi}{x_1}\right)^2 + \left(\frac{n\pi}{y_1}\right)^2\right]^2 - \frac{6qx_1\sin\beta(1-\lambda^2)}{Et^3}\left(\frac{m\pi}{x_1}\right)^2 - \frac{12\lambda q(1-\lambda^2)}{Et^3}\left(\frac{m\pi}{x_1}\right)^2\right\} = 0 \tag{5-4}$$

解得 λq 为

$$\lambda q = \frac{\pi^2 Et^3}{12x_1^2(1-\lambda^2)}\frac{\left(m^2 + n^2\dfrac{x_1^2}{y_1^2}\right)^2}{m^2} - \frac{qx_1\sin\beta}{2} \tag{5-5}$$

令 $m=1$ 且 $n=1$，可得最小屈曲荷载为

$$\lambda q = \frac{\pi^2 Et^3}{12x_1^2(1-\lambda^2)}\left(1 + \frac{x_1^2}{y_1^2}\right)^2 - \frac{qx_1\sin\beta}{2} \tag{5-6}$$

从式（5-6）可以看出，单元板的稳定性主要受以下因素的影响：单元板的弯曲刚度 D 是影响单元板稳定性的内在因素，单元板弯曲刚度越大，临界失稳荷载越大；单元板相似材料刚度主要受单元板的弹性模量 E 和泊松比 γ 控制，弹性模量和泊松比越大，单元板相似材料刚度越大；单元板长度 y_1、单元板宽度 x_1、单元板厚度 t、竖向重力 q 和单元板倾角 β 是影响单元板稳定性的外在因素。

选取底板模拟泥岩的物理有限单元板作为研究对象，研究外在因素对单元板稳定性的影响。模拟泥岩的物理有限单元板的规格参数如表 5-2 所示。

表 5-2　泥岩物理有限单元板规格参数

模拟岩体	长度/cm	宽度/cm	厚度/cm	倾角	弹性模量/GPa	泊松比/GPa	所受重力/MPa
泥岩	40	40	2	20°	0.8	0.149	1.8

利用式（5-6）求出其他参数不变条件下的不同单元板长度 y_1 对应的临界失稳荷载，得到单元板长度 y_1 与临界失稳荷载的关系如图 5-20 所示。

由图 5-20 可以看出单元板长度与临界失稳荷载成非线性关系，单元板长度越短能承受的临界失稳荷载越大，单元板长度越长临界失稳荷载降低的速率越慢，当单元板长度不超过 0.2m 时，随单元板长度在增加临界失稳荷载迅速降低，之后临随单元板长度增加单元板均接近临界失稳状态，单元板长度超过 0.41m 时进入临界失稳状态。

利用式（5-6）求出其他参数不变时，不同单元板宽度 x_1 对应的临界失稳荷载，得到单元板宽度 x_1 与临界失稳荷载的关系如图 5-21 所示。

由图 5-21 可以看出单元板宽度与临界失稳荷载呈非线性关系，单元板宽度越小能承受的临界失稳荷载越大，单元板宽度越大临界失稳荷载降低的速率越

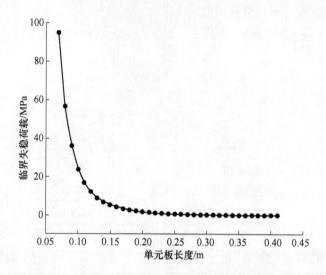

图 5-20 单元板长度对临界失稳荷载的影响

慢，当单元板长度不超过 0.3m 时，随单元板长度在增加临界失稳荷载迅速降低，之后临随单元板长度增加单元板均接近临界失稳状态，单元板长度超过 0.43m 时进入临界失稳状态。可以看出临界失稳荷载对单元板长度变化的敏感度远大于对单元板宽度的敏感度。

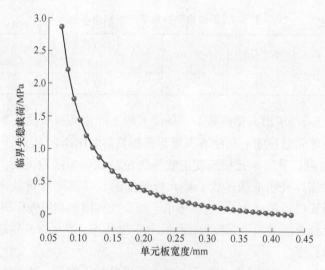

图 5-21 单元板宽度对临界失稳荷载的影响

利用式（5-6）求出其他参数不变时，不同单元板宽厚度 t 对应的临界失稳荷载，得到单元板厚度 t 与临界失稳荷载的关系如图 5-22 所示。

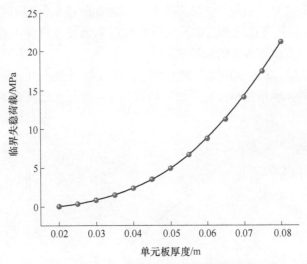

图 5-22　单元板厚度对临界失稳荷载的影响

由图 5-22 可以看出单元板厚度与临界失稳荷载成非线性关系，单元板厚度越厚能承受的临界失稳荷载越大，临界失稳荷载增加的速率越快，单元板厚度小于 0.02m 时进入临界失稳状态。可以看出，临界失稳荷载对单元板厚度变化的敏感度小于对单元板宽度的敏感度，但是大于对单元板宽度的敏感度。

利用式（5-6）求出其他参数不变，不同单元板倾角 β 对应的临界失稳荷载，得到单元板倾角 β 与临界失稳荷载的关系如图 5-23 所示。

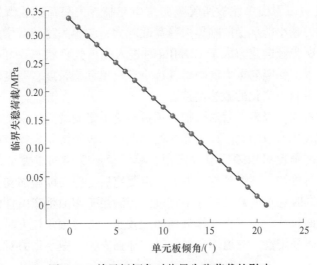

图 5-23　单元板倾角对临界失稳荷载的影响

由图 5-23 可以看出单元板倾角与临界失稳荷载成线性关系，单元板倾角越小能承受的临界失稳荷载越大，临界失稳荷载增加的速率保持不变，单元板倾角大于21°时进入临界失稳状态。临界失稳荷载对单元板倾角变化的敏感度远小于对单元板长度、宽度和厚度的敏感度。

利用式（5-6）求出当其他参数不变时，单元板所受不同竖向重力 q 所对应的临界失稳荷载，即得到单元板所受竖向重力 q 与临界失稳荷载的关系如图5-24所示。

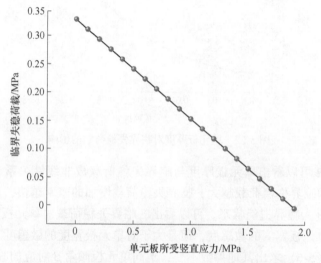

图 5-24　单元板所受竖向重力对临界失稳荷载的影响

由图5-24可以看出单元板所受竖向重力与临界失稳荷载成线性关系，单元板所受竖向重力越小能承受的临界失稳荷载越大，临界失稳荷载增加的速率保持不变，单元板所受竖向重力大于1.9MPa时进入临界失稳状态。可以看出临界失稳荷载对单元板所受竖向重力的敏感度远小于对单元板长度、宽度和厚度的敏感度，与单元板对倾角变化的敏感度接近。

单元板的长度可以表征巷道开挖后顶板沿巷道走向暴露的未支护长度，单元板的宽度可以表征巷道的宽度，单元板的厚度可以表征层状岩体节理等结构面的间距，单元板的角度可以表征节理倾角，单元板所受竖向重力可以表征巷道埋深。由前述分析可知，巷道开挖后掘进一定距离后，应立即施加支护维持巷道围岩的稳定性，同时巷道的断面尺寸不宜过大，满足工作面生产条件的前提下应尽量减少巷道断面尺寸，当工程岩体节理间距较小、节理倾角较大时，应加强支护来保证巷道围岩稳定性，巷道埋深较大时应加强支护，减小重力对巷道围岩稳定性的影响。

6 缓倾斜节理岩体煤巷围岩
稳定性控制工程应用

6.1 井下巷道工程概况

为了进一步验证恒阻大变形锚索支护系统在瞬时动压显现引起的井下巷道围岩大变形支护工程中的应用效果[96]，并与物理模型实验和数值模拟实验结果进行对比研究，在大屯煤电公式孔庄煤矿缓倾斜沿空动压回采巷道中进行了实验。该回采巷道为孔庄煤矿 8107 工作面材料道，材料道平直段 660m，倾斜段长 104.6m，巷道断面形状为斜梯形，如图 6-1 所示，巷宽 4.4m，巷道高帮高度为 3.5m，低帮高度为 1.8m，如图 6-2 所示；8107 工作面地层倾角为 18°，属于缓

图 6-1　8107 材料道井下实拍图

倾斜层状节理岩体地层，工作面倾向长 150m，埋深 263～329m，煤厚 2.55～4.3m，开采方式根据煤层厚度采用大采高一次采全高采煤方法，沿煤层顶、底板回采，平均采高 3.2m，工作面布置情况如图 6-3 所示，工作面顶板沿岩性柱状图及岩性概况性质如图 6-4 所示。

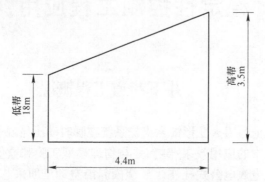

图 6-2 8107 材料道巷道断面示意图

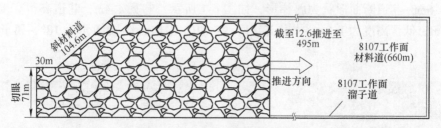

图 6-3 8107 工作面布置示意图

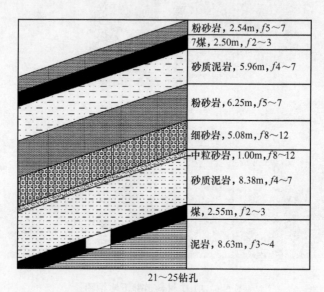

图 6-4 8107 工作面钻孔岩性柱状图

6.2 缓倾斜层状节理岩体巷道锚索支护方案

为了对恒阻锚索和普通锚索力学特性及支护效果进行对比研究，共制定了两种支护方案在 8107 工作面材料道进行井下支护实验。方案 1 采用普通锚索配合普通矿用 T 型钢带进行支护，锚索规格为直径 21.8mm 钢绞线，长度 11300mm，钢带型号为 LDT/4200×100×6/32/950/490，预紧力不低于 80kN，锚索间排距为 1600mm×2000mm，具体支护方案如图 6-5 所示。方案 2 采用恒阻锚索配合 W 钢带进行支护，钢绞线直径为 21.8mm，长度 11300mm，恒阻器规格为 HZS35-300-0.5，直径 68mm，恒阻锚索预紧力不低于 280kN，恒阻锚索间距为 1600mm，回采侧恒阻锚索排距为 1200mm 所用 W 钢带长度为 2m，宽度为 280mm，眼距为 1.6m，眼规格 150mm×90mm；巷道中部恒阻锚索排距为 2400mm，所用 W 钢带长度为 3m，宽度为 280mm，眼距为 2.4m，眼规格 150mm×90mm，具体支护方案如图 6-6 所示。两种锚索井下施工完成效果如图 6-7 所示。两种支护方案井下施工效果如图 6-8 所示。

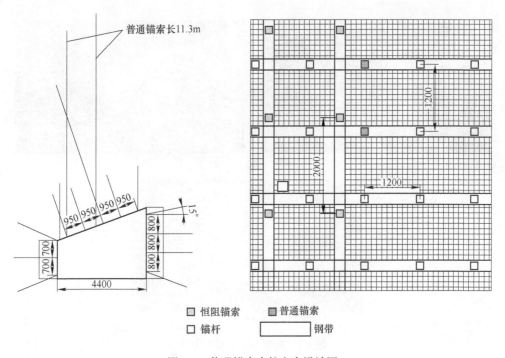

图 6-5 普通锚索支护方案设计图

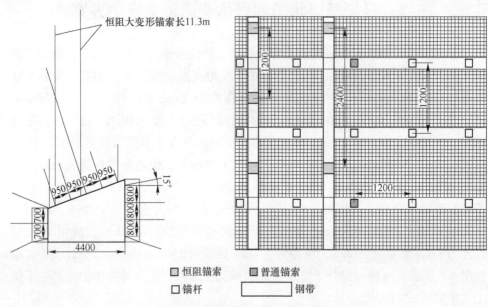

图 6-6　恒阻锚索支护方案设计图

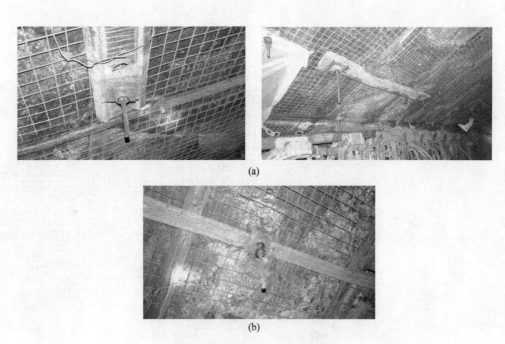

(a)

(b)

图 6-7　锚索井下安装实拍图

(a) 恒阻锚索安装；(b) 普通锚索安装

为了对普通锚索和恒阻锚索力学特性进行深入研究，并与物理模型实验和数值模拟结果进行对比分析，采用顶板位移监测仪对锚索所在顶板位置位移进行实时在线监测，实时采集巷道表面测点相对于锚索末端锚固位置的相对位移量数据，如图 6-9（a）所示，深基点布置在顶板中部 11m 深度处，浅基点布置在顶板中部 2m 深度处，如图 6-10（a）所示。采用锚索测力仪对普通锚索和恒阻锚索受力进行实时在线监测，实时采集动压影响下普通锚索和恒阻锚索轴向受力数据，如图 6-9（b）所示，测力计布置在中部锚索末端锁具位置，如图 6-10（b）所示。用锁具固定测力计后对锚索进行张拉预紧，安装完成的顶板位移监测仪和锚索测力计如图 6-11 所示。

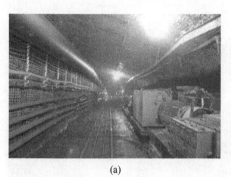 

(a)　　　　　　　　　　　　　　　(b)

图 6-8　不同支护方案井下施工实拍图

（a）普通锚索支护；（b）恒阻锚索支护

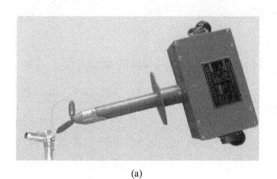 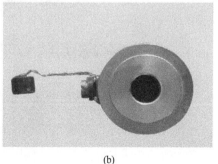

(a)　　　　　　　　　　　　　　　(b)

图 6-9　井下巷道支护实验实时在线监测设备

（a）顶板位移；（b）锚索测力计

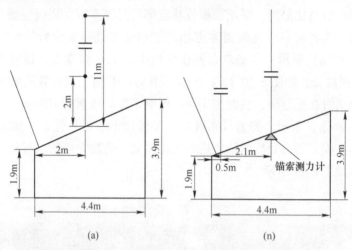

图 6-10 监测设备井下安装设计示意图

（a）顶板位移监测仪井下安装示意图；（b）锚索测力计井下安装示意图

图 6-11 监测设备井下布设实拍图

（a）顶板位移监测仪布设；（b）锚索测力计布设

6.3 缓倾斜层状节理岩体巷道锚索支护应用结果

6.3.1 动压作用下锚索延伸破坏形态

普通锚索在沿空巷道顶板动压作用下支护效果如图 6-12 所示。普通锚索在顶板动压作用下存在大量托盘被压裂的现象，如图 6-12（a）所示，说明顶板动压显现剧烈，普通锚索提供的支护阻力不能平衡顶板冲击动压，冲击能量向巷道浅部围岩释放，极易造成顶板瞬时大变形冒落失稳。在冲击动压能量和顶板大变形下沉作用下锚索轴向受力和延伸量不断增加，超过锚索的极限抗拉强度和延伸率后普通锚索发生破断,如图 6-12 (b) 所示,托盘被崩落,普通锚索绷断脱落或者缩入锚孔失效。

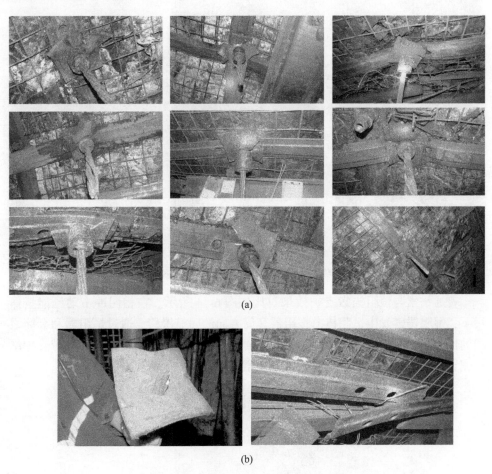

(a)

(b)

图 6-12 沿空巷道动压作用下普通锚索支护效果
(a) 普通锚索托盘压裂;(b) 普通锚索绷断

恒阻锚索在沿空巷道顶板动压作用下支护效果如图 6-13 所示,恒阻锚索在顶板动压作用下出现恒阻体沿套筒发生不同程度的滑移现象,但是并未超过恒阻锚索的极限滑移量,恒阻锚索也未出现崩断失效现象,托盘也没有压裂,说明虽然顶板动压显现剧烈,但是恒阻锚索施加的高预紧力在顶板表面形成的支护阻力通过 W 钢带有效扩散到围岩中,能够平衡顶板冲击动压,有效抑制顶板离层下沉变形;同时在冲击动压能量和顶板变形下沉作用下锚索滑移量不断增加,通过恒阻器和套筒之间的恒定摩擦支护阻力释放和抑制围岩冲击动压能量及顶板离层下沉变形。

图 6-13 沿空巷道动压作用下恒阻锚索支护效果

　　普通锚索与恒阻锚索支护效果对比如图 6-14 所示。在相同冲击动压能量作用下,恒阻锚索发生恒阻体沿恒阻器套筒方向的明显滑移。通过恒阻器和套筒之间的恒定摩擦支护阻力来平衡和释放围岩冲击动压能量,恒阻锚索和钢带支护结构完整无损,而普通锚索托盘被压裂,索体即将进入绷断失效状态。

图 6-14 锚索支护效果对比图

6.3.2　动压作用下锚索轴力随顶板位移变化过程

距切眼 130m 处侧站顶板位移监测结果如图 6-15 所示，通过顶板位移实时在线监测系统得到了 11m 处深基点和 2m 处浅基点在沿空巷道动压影响下的位移变化过程。通过二者的差值得到了深浅基点之间的相对位移量。沿空巷道顶板受动压影响之前，位移曲线保持平稳状态，动压开始影响沿空巷道顶板之后，深基点和浅基点位移量开始明显增加，位移增加速率较大，之后变形速率明显变缓并逐渐趋于稳定，动压初始影响时深浅基点位移保持同步增长，之后深基点位移量和变形速率明显大于浅基点，说明顶板产生离层裂缝张开变形。深基点监测结束时刻最终位移量为 281mm，浅基点监测结束时刻最终位移量为 32.4mm，二者最大相对位移量为 248.6mm。

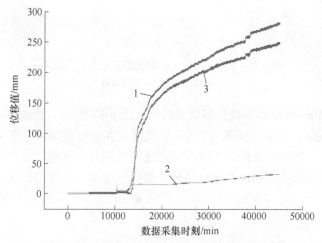

图 6-15　距切眼 130m 处侧站顶板位移监测结果
1—深基点位移；2—浅基点位移；3—相对位移量

距切眼 130m 处侧站锚索轴力监测结果如图 6-16 所示。通过锚索轴力实时在线监测系统得到了沿空巷道动压影响下的恒阻锚索和普通锚索轴力变化过程。动压开始影响沿空巷道顶板之后，锚索轴力立刻开始明显增加，可以看出锚索轴力快速上升时刻及上升阶段明显超前于顶板位移快速上升时刻及上升阶段一段时间，在顶板离层裂缝张开变形影响之下，恒阻锚索和普通锚索延伸率不断增加。恒阻锚索轴力之后逐渐趋于稳定，同时通过恒阻体和恒阻器套筒的滑移实现伸长，在滑移过程中有效释放引起围岩大变形的动压能量，并且通过自身较高预紧力提供的支护阻力及滑移阻力有效抑制顶板离层裂缝张开变形，平衡引起围岩大变形的动压能量。普通锚索轴力趋于稳定后又继续上升，然后出现轴力突降，说明普通锚索破断失效，由于恒阻锚索和普通锚索索体使用同一种钢绞线并且在同一测站,说明普通锚索并不是因为动压作用下轴力达到抗拉极限强度失效,而是因为托盘被压裂崩落后索体缩入锚孔失效。

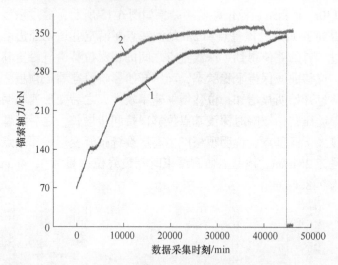

图 6-16 距切眼 130m 处侧站锚索轴力监测结果
1—普通锚索;2—恒阻锚索

距切眼 160m 处侧站顶板位移监测结果如图 6-17 所示。通过顶板位移实时在线监测系统得到了 11m 处深基点和 2m 处浅基点在沿空巷道动压影响下的位移变化情况,通过二者的差值得到了深浅基点之间的相对位移量。动压开始影响沿空巷道顶板之后,深基点和浅基点位移量开始明显增加,位移增加速率较大,之后

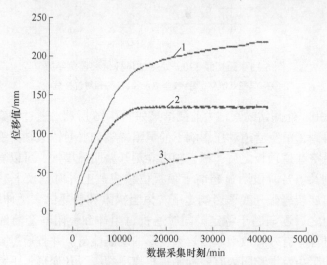

图 6-17 距切眼 160m 处侧站顶板位移监测结果
1—深基点位移;2—浅基点位移;3—相对位移量

变形速率明显变缓并逐渐趋于稳定，深基点位移量和变形速率明显大于浅基点，说明顶板产生离层裂缝张开变形，深基点监测结束时刻最终位移量为 219.3mm，浅基点监测结束时刻最终位移量为 84.9mm，二者最大相对位移量为 134.4mm。

距切眼 160m 处侧站锚索轴力监测结果如图 6-18 所示。通过顶板位移实时在线监测系统得到了沿空巷道动压影响下的恒阻锚索和普通锚索轴力变化过程。动压开始影响沿空巷道顶板之后，普通锚索轴力立刻开始明显增加，恒阻锚索轴力缓慢增加，同时在顶板离层裂缝张开变形影响之下，恒阻锚索和普通锚索伸长率不断增加。恒阻锚索轴力之后逐渐趋于稳定，说明恒阻锚索通过自身的高预紧力和滑移变形阻力提供了足够的支护阻力平衡和释放顶板动压显现，消除了引起顶板围岩离层裂缝张开变形的动压力源。普通锚索轴力趋于稳定后又继续上升，然后出现轴力突降，说明普通锚索因为托盘被压裂崩落后索体缩入锚孔失效。

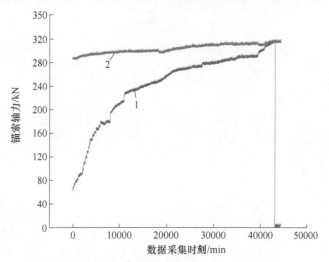

图 6-18　距切眼 160m 处侧站锚索轴力监测结果
1—普通锚索；2—恒阻锚索

6.3.3　动压作用下锚索轴力随顶板位移变化规律

顶板动压开始剧烈显现后，锚索轴力立刻开始明显增加，并且锚索轴力快速上升时刻明显超前于顶板位移快速上升时刻，之后恒阻锚索轴力趋于稳定，普通锚索轴力继续上升。同时在顶板离层裂缝张开变形影响之下，锚索伸长率不断增加，恒阻锚索在顶板动压作用下出现恒阻体沿套筒发生不同程度的滑移现象，恒阻锚索通过恒阻体和恒阻器套筒的滑移实现伸长，普通锚索通过钢绞线自身的伸长率实现伸长。恒阻锚索通过自身的高预紧力和滑移变形阻力配合 W 钢带提供了持续时间较长的恒定的支护阻力平衡和释放顶板动压显现，消除了引起顶板围岩离层裂缝张开变形的动压力源，有效抑制顶板离层裂缝张开变形，同时滑移量并未超过恒阻锚索的极限滑移量，恒阻锚索也未出现崩断失效现象，托盘也没有压裂。普通锚索虽然也能提供较高的支护阻力，但是高支护阻力持续时间较短，顶板围岩离层裂缝张开变形引起的普通锚索索体延伸量超过自身的极限伸长率允许的索体延伸量即破断失效，主要表面为托盘被崩落、压裂，锚索绷断脱落或者缩入锚孔失效。

参 考 文 献

[1] 侯定贵. 层状岩体深部巷道围岩稳定性监测预警物理模型实验 [D]. 中国矿业大学（北京），2016.

[2] 李术才，王德超，王琦，等. 深部厚顶煤巷道大型地质力学模型试验系统研制与应用 [J]. 煤炭学报，2013，38（9）：1522-1530.

[3] 王琦. 深部厚顶煤巷道围岩破坏控制机理及新型支护系统对比研究 [D]. 山东大学，2012.

[4] 李为腾，李术才，王琦，等. 深部厚顶煤巷道围岩变形破坏机制模型试验研究 [J]. 岩土力学，2013，34（10）：2847-2856.

[5] Li S C, Wang Q, Wang H T, et al. Model test study on surrounding rock deformation and failure mechanisms of deep roadways with thick top coal [J]. Tunnelling and Underground Space Technology, 2015, 47：52-63.

[6] 马腾飞，李树忱，李术才，等. 不同倾角多层节理深部岩体开挖变形破坏规律模型试验研究 [J]. 岩土力学，2016，37（10）：2899-2908.

[7] 李树忱，马腾飞，蒋宇静，等. 深部多裂隙岩体开挖变形破坏规律模型试验研究 [J]. 岩土工程学报，2016，38（6）：987-995.

[8] 孟波，靖洪文，陈坤福，等. 软岩巷道围岩剪切滑移破坏机理及控制研究 [J]. 岩土工程学报，2012，34（12）：2255-2262.

[9] Meng B, Jing H W, Chen K F, et al. Failure mechanism and stability control of a large section of very soft roadway surrounding rock shear slip [J]. International Journal of Mining Science and Technology, 2013, 23（1）：127-134.

[10] 王猛. 煤矿深部开采巷道围岩变形破坏特征试验研究及其控制技术 [D]. 辽宁工程技术大学，2010.

[11] 杨伟峰，吉育兵，沈丁一. 节理裂隙岩体巷道变形规律的模拟研究 [J]. 金属矿山，2009（2）：34-36.

[12] 勾攀峰，张振普，韦四. 不同水平应力作用下巷道围岩破坏特征的物理模拟试验 [J]. 煤炭学报. 2009，34（10）：1328-1332.

[13] 张明建，郜进海，魏世义，等. 倾斜岩层平巷围岩破坏特征的相似模拟试验研究 [J]. 岩石力学与工程学报，2010，29（S1）：3259-3264.

[14] 牛双建，靖洪文，杨大方. 深井巷道围岩主应力差演化规律物理模拟研究 [J]. 岩石力学与工程学报，2012，31（S2）：3811-3820.

[15] 李建忠. 大比例巷道锚杆支护相似模拟试验研究 [D]. 煤炭科学研究总院，2016.

[16] Kang H, Li J, Yang J, et al. Investigation on the Influence of Abutment Pressure on the Stability of Rock Bolt Reinforced Roof Strata Through Physical and Numerical Modeling [J]. Rock Mechanics and Rock Engineering, 2017, 50（2）：387-401.

[17] 赵启峰，张农，彭瑞，等. 大断面泥质巷道顶板离层突变垮冒演化相似模拟实验研究 [J]. 采矿与安全工程学报，2018，35（6）：1107-1114.

[18] He M C. Physical modeling of an underground roadway excavation in geologically 45° inclined rock using infrared thermography. Eng. Geo. , 2011, 121: 165-176.

[19] He M C, Jia X N, Gong W L, et al. Physical modeling of an underground roadway excavation in vertically stratified rock using infrared thermography. Int. J. Rock Mech. Min. Sci. 2010, 47: 1212-1221.

[20] He M C, Gong W L, Zhai H M, et al. Physical modeling of deep ground excavation in geologically horizontally strata based on infrared thermography. Tunn. Undergr. Space Technol. 2010, 25 (4): 366-376.

[21] Gong W L, Wang J, Gong Y X, et al. Thermography analysis of a roadway excavation experiment in 60° inclined stratified rocks. Int. J. Rock Mech. Min. Sci. 2013, 60: 134-147.

[22] Gong W L, Peng Y Y, Sun X M. Enhancement of low-contrast thermograms for detecting the stressed tunnel in horizontally stratified rocks. Int. J. Rock Mech. Min. Sci. 2015, 74: 69-80.

[23] Gong W L, Peng Y Y, He M C, et al. Physical modeling of deep ground excavation in geologically horizontally strata based on infrared thermography. Tunn. Undergr. Space Technol. 2015, 49: 156-173.

[24] He M C, Gong W L, Li D J, et al. Physical modeling of failure process of the excavation in horizontal strata based on IR thermography [J]. Min. Sci Technol. 2009, 19 (6): 689-698.

[25] Gong W L, Gong Y X, Long A F. Multi-filter analysis of infrared images fromthe excavation experiment in horizontally stratified rocks [J], Infrared Physics & Technology, 2013(56): 57-68.

[26] Sun X M, Chen F, He M C, et al. Physical modeling of floor heave for the deep-buried roadway excavated in ten degree inclined strata using infrared thermal imaging technology [J]. Tunnelling & Underground Space Technology, 2017, 47: 52-63.

[27] Sun X M, Chen F, Miao C Y, et al. Physical modeling of deformation failure mechanism of surrounding rocks for the deep-buried tunnel in soft rock strata during the excavation [J]. Tunnelling & Underground Space Technology, 2018, 4: 247-261.

[28] Sun X M, Xu H C, He M C, et al. Thermography analyses of rock fracture due to excavation and overloading for tunnel in 30° inclined strata [J]. Science China Technological Sciences, 2017, 60 (6): 1-13.

[29] 陈峰. 深部缓倾斜层状软岩巷道底臌结构效应实验研究 [D]. 中国矿业大学 (北京), 2018.

[30] Hou D G, Yang X J. Physical Modeling of Displacement and Failure Monitoring of Underground Roadway in Horizontal Strata [J]. Advances in Civil Engineering, 2018: 1-11.

[31] 侯定贵, 杨晓杰, 王嘉敏. 巷道围岩失稳监测技术及应用 [J]. 采矿与安全工程学报, 2019, 36 (1): 122-130.

[32] 邓川. 现代长大隧道洞内控制测量与监测技术研究 [D]. 西南交通大学, 2012.

[33] 邓晓谦. 基于相似模拟实验的巷道变形特征及失稳危险判别研究 [D]. 中国矿业大学, 2015.

[34] 来兴平，单鹏飞，郑建伟，等．浅埋大采高综采矿压显现规律物理模拟实验研究 [J]．采矿安全与工程学报，2014，31 (3)：418-423．

[35] 牛双建．深部巷道围岩强度衰减规律研究 [D]．徐州：中国矿业大学，2011．

[36] 张艳丽，伍永平，李开放．大型三维可加载物理相似模拟实验中围岩变形的声发射特征 [J]．煤炭工程，2011 (9)：96-99．

[37] 陈红江，李夕兵，刘爱华，等．水下开采顶板突水相似物理模型试验研究 [J]．中国矿业大学学报，2010，39 (6)：854-859．

[38] Luong M P. Introducing infrared thermography in soil dynamics [J]. Infrared Physics & Technology, 2007, 9：306-311.

[39] Luong M P. Infrared thermographic scanning of fatigue in metals [J]. Nuclear Engineering and Design. 1995, 158：363-376.

[40] 方刚，杨圣奇，孙建中，等．深部厚煤层巷道失稳破裂演化过程离散元模拟研究 [J]．采矿与安全工程学报，2016，33 (4)：676-683．

[41] Yang S Q, Chen M, Jing H W, et al. A case study on large deformation failure mechanism of deep soft rock roadway in Xin \ "An coal mine, China [J]. Engineering Geology, 2017, 217：89-101.

[42] 卢兴利．深部巷道破裂岩体块系介质模型及工程应用研究 [D]．中国科学院研究生院 (武汉岩土力学研究所)，2010．

[43] 何军．基于数值流形方法的裂隙扩展模拟及其在岩土工程中的应用 [D]．武汉大学，2016．

[44] 黄龙现．节理岩体巷道围岩破坏机理及数值模拟研究 [D]．东北大学，2012．

[45] 林志斌．深部岩体变形破裂时空演化规律与机理研究 [D]．中国矿业大学，2015．

[46] 孙闯．深部节理岩体应变软化行为及围岩与支护结构相互作用研究 [D]．辽宁工程技术大学，2013．

[47] 袁越，王卫军，袁超，等．深部矿井动压回采巷道围岩大变形破坏机理 [J]．煤炭学报，2016，41 (12)：2940-2950．

[48] Gao F, Stead D, Coggan J. Evaluation of coal longwall caving characteristics using an innovative UDEC Trigon approach [J]. Computers and Geotechnics, 2014, 55：448-460.

[49] 李季，马念杰，丁自伟．基于主应力方向改变的深部沿空巷道非均匀大变形机理及稳定性控制 [J]．采矿与安全工程学报，2018，35 (4)：670-676．

[50] 牛双建，靖洪文，杨大方，等．深部巷道破裂围岩强度衰减模型及其在 FLAC~ (3D) 中的实现 [J]．采矿与安全工程学报，2014，31 (4)：601-606．

[51] 张广超，何富连，来永辉，等．千米埋深煤矿巷道围岩稳定性研究 (英文) [J]. Journal of Central South University, 2018, 25 (6)：1386-1398.

[52] Lawrence W. A method for the design of longwallgateroad roof support [J]. International Journal of Rock Mechanics and Mining Sciences, 2009, 46 (4)：789-795.

[53] 孟庆彬，韩立军，乔卫国，等．大断面软弱破碎围岩煤巷演化规律与控制技术 [J]．煤炭学报，2016，41 (8)：1885-1895．

[54] 孟庆彬，韩立军，乔卫国，等．极弱胶结地层开拓巷道围岩演化规律与监测分析 [J].
煤炭学报，2013，38（4）：572-579.

[55] 孙闯，张向东，李永靖．高应力软岩巷道围岩与支护结构相互作用分析 [J]. 岩土力
学，2013，34（9）：2601-2607，2614.

[56] 余伟健，吴根水，袁超，等．基于偏应力场的巷道围岩破坏特征及工程稳定性控制[J].
煤炭学报，2017，42（6）：1408-1419.

[57] 谢广祥，李传明，王磊．巷道围岩应力壳力学特征与工程实践 [J]. 煤炭学报，2016，
41（12）：2986-2992.

[58] 王其洲，谢文兵，荆升国，等．非均称变形巷道变形破坏规律及支护对策 [J]. 采矿与
安全工程学报，2016，33（6）：985-991.

[59] 赵光明，张小波，王超，等．软弱破碎巷道围岩深浅承载结构力学分析及数值模拟[J].
煤炭学报，2016，41（7）：1632-1642.

[60] 黄万朋，李超，邢文彬，等．蠕变状态下千米深巷道长期非对称大变形机制与控制技术
[J]. 采矿与安全工程学报，2018，35（3）：481-488，495.

[61] 赵志强，马念杰，郭晓菲，等．大变形回采巷道蝶叶型冒顶机理与控制 [J]. 煤炭学
报，2016，41（12）：2932-2939.

[62] Souley M, Homand F, Thoraval A. The effect of joint constitutive laws on the modelling of an
underground excavation and comparison with in situ measurements [J]. International Journal of
Rock Mechanics & Mining Sciences, 1997, 34（1）：97-115.

[63] Li X H, Ju M H, Yao Q L, et al. Numerical Investigation of the Effect of the Location of
Critical Rock Block Fracture on Crack Evolution in a Gob-side Filling Wall [J]. Rock
Mechanics and Rock Engineering, 2016, 49（3）：1041-1058.

[64] 康红普，范明建，高富强，等．超千米深井巷道围岩变形特征与支护技术 [J]. 岩石力
学与工程学报，2015，34（11）：2227-2241.

[65] Kang H P, Lin J, Fan M J. Investigation on support pattern of a coal mine roadway within soft
rocks—a case study [J]. International Journal of Coal Geology, 2015, 140：31-40.

[66] Gao F, Stead D, Kang H. Simulation of roof shear failure in coal mine roadways using an
innovative UDEC Trigon approach [J]. Computers and Geotechnics, 2014, 61：33-41.

[67] Gao F, Stead D, Kang H. Numerical Simulation of Squeezing Failure in a Coal Mine Roadway
due to Mining-Induced Stresses [J]. Rock Mechanics and Rock Engineering, 2015, 48（4）：
1635-1645.

[68] Gao F, Stead D, Kang H, et al. Discrete element modelling of deformation and damage of a
roadway driven along an unstable goaf—A case study [J]. International Journal of Coal
Geology, 2014, 127：100-110.

[69] 张国锋，王二雨，许丽莹．煤矿高恒阻大变形锚索受力特性、规律及应用研究 [J]. 岩
石力学与工程学报，2016，35（10）：2033-2043.

[70] 刘景书．鸟窝锚索及高强让压锚杆在冲击性全煤巷道中的应用 [J]. 煤矿开采，2010，
15（1）：62-64.

［71］ 梁壮. 清水煤矿高应力软岩回采巷道改进锚网支护技术研究 ［D］. 辽宁工程技术大学, 2013.

［72］ 尹璟友. 沈北矿区深部煤巷破坏机理及支护对策研究 ［D］. 中国矿业大学（北京）, 2012.

［73］ 张国锋, 于世波, 李国峰, 等. 巨厚煤层三软回采巷道恒阻让压互补支护研究 ［J］. 岩石力学与工程学报, 2011, 30 （8）: 1619-1626.

［74］ Yang X J, Pang J W, Lou H P, et al. Characteristics of in situ stress field at Qingshui coal mine ［J］. International Journal of Mining Science and Technology, 2015, 25 （3）: 497-501.

［75］ Yang X, Wang E, Wang Y, et al. A Study of the Large Deformation Mechanism and Control Techniques for Deep Soft Rock Roadways. Sustainability. 2018, 10 （4）: 1100.

［76］ Le T D, Oh J, Hebblewhite B, et al. A discontinuum modelling approach for investigation of Longwall Top Coal Caving mechanisms. Int. J. Rock Mech. Min. 2018, 106: 84-95.

［77］ Itasca Consulting Group, Inc. UDEC User Manual; Itasca Consulting Group, Inc.: Minneapolis, MN, USA, 2008.

［78］ 马文强, 王同旭. 多围压脆岩压缩破坏特征及裂纹扩展规律 ［J］. 岩石力学与工程学报, 2018, 37 （4）: 898-908.

［79］ Gao F Q, Stead D. The application of a modified Voronoi logic to brittle fracture modelling at the laboratory and field scale ［J］. International Journal of Rock Mechanics & Mining Sciences, 2014, 68 （68）: 1-14.

［80］ Cho N, Martin C D, Sego D C. A clumped particle model for rock ［J］. International Journal of Rock Mechanics and Mining Sciences, 2007, 44 （7）: 997-1010.

［81］ Gao F Q, Kang H P. Effects of pre-existing discontinuities on the residual strength of rock mass-Insight from a discrete element method simulation ［J］. Journal of Structural Geology, 2016, 85: 40-50.

［82］ 洛锋, 曹树刚, 李国栋, 等. 煤层巷道围岩破断失稳演化特征和分区支护研究 ［J］. 采矿与安全工程学报, 2017, 34 （3）: 479-487.

［83］ Ghabraie B, Ren G, Zhang X, et al. Physical modelling of subsidence from sequential extraction of partially overlapping longwall panels and study of substrata movement characteristics ［J］. Int J Coal Geol, 2015, 140: 71-83.

［84］ Kang H, Lou J, Gao F, et al. A physical and numerical investigation of sudden massive roof collapse during longwall coal retreat mining ［J］. International Journal of Coal Geology, 2018, 188: 25-36.

［85］ 杨旭旭. 不同应力环境下断续节理岩体结构效应模型试验研究 ［D］. 中国矿业大学, 2016.

［86］ Sun X, Xu H, He M, et al. Experimental investigation of the occurrence of rockburst in a rock specimen through infrared thermography and acoustic emission ［J］. International Journal of Rock Mechanics and Mining Sciences, 2017, 93: 250-259.

［87］ Wu L X, Liu S J, Wu Y H, et al. Precursors for rock fracturing and failure-Part II:

IRRT-curve abnormalities. Int J Rock Mech Min Sci, 2006, 43: 483-493.

［88］潘兵，吴大方，夏勇．数字图像相关方法中散斑图的质量评价研究［J］．实验力学，2010, 25（2）: 120-129.

［89］Pan B, Qian K, Xie H, et al. Two-dimensional digital image correlation for in-plane displacement and strain measurement: a review［J］. MEASUREMENT SCIENCE & TECHNOLOGY, 2009, 20（6）: 62001-0.

［90］Bruck H A, Mcneill S R, Sutton M A, et al. Digital image correlation using Newton-Raphson method of partial differential correction［J］. Experimental Mechanics, 1989, 29（3）: 261-267.

［91］HYER M W. Laminated Plate and Shell Theory［M］. Elsevier Inc.: 2000-06-15.

［92］黄克智．板壳理论［M］．北京：清华大学出版社，1987.

［93］王云龙，谭忠盛．木寨岭板岩隧道塌方的结构失稳分析及预防措施研究［J］．岩土力学，2012, 33（S2）: 263-268.

［94］康红普．我国煤矿巷道锚杆支护技术发展60年及展望［J］．中国矿业大学学报，2016, 45（6）: 1071-1081.

［95］康红普，林健，吴拥政．全断面高预应力强力锚索支护技术及其在动压巷道中的应用［J］．煤炭学报，2009, 34（9）: 1153-1159.

［96］Yang X, Wang E, Ma X, et al. A Case Study on Optimization and Control Techniques for Entry Stability in Non-Pillar Longwall Mining［J］. Energies. 2019, 12（3）: 391.

笔　　记